职业教育计算机平面设计专业系列教材

Flash CS6 案例教程

主　编　秦秋滢　赵海伟
副主编　李　雪　赵　玉　韩淑芳
参　编　王训峰　王瑞东　王　娜
　　　　张　钧　夏春梅

机械工业出版社

本书采用模块-案例的形式编写，将 Flash 二维动画知识、基本技能、经验技巧等内容有机整合在 10 个模块的案例中。本书以实际案例为引导，案例选择由浅入深、循序渐进，充分考虑到职业院校学生的特点，案例内容力求贴近学生的生活，生动有趣、寓教于乐，使学生在案例实际制作过程中，不但能轻松愉快地学会 Flash 动画制作的基本技能，同时能充分感受到设计、创作的满足感和成就感，做到举一反三、融会贯通。

本书适合作为职业院校计算机类专业课程的教材使用，也适用于二维动画设计初学者。

图书在版编目（CIP）数据

Flash CS6 案例教程 / 秦秋滢，赵海伟主编. —北京：机械工业出版社，2020.4（2024.9 重印）
职业教育计算机平面设计专业系列教材
ISBN 978-7-111-64663-1

Ⅰ.①F… Ⅱ.①秦… ②赵… Ⅲ.①动画制作软件-中等专业学校-教材 Ⅳ.①TP391.414

中国版本图书馆 CIP 数据核字（2020）第 022533 号

机械工业出版社（北京市百万庄大街 22 号　邮政编码 100037）
策划编辑：赵志鹏　　　　　　　责任编辑：赵志鹏　徐梦然
责任校对：孙丽萍　陈　越　　　封面设计：马精明
责任印制：常天培
北京机工印刷厂有限公司印刷
2024 年 9 月第 1 版·第 5 次印刷
184mm×260mm·10.5 印张·218 千字
标准书号：ISBN 978-7-111-64663-1
定价：32.00 元

电话服务　　　　　　　　　　　网络服务
客服电话：010-88361066　　　　机　工　官　网：www.cmpbook.com
　　　　　010-88379833　　　　机　工　官　博：weibo.com/cmp1952
　　　　　010-68326294　　　　金　书　网：www.golden-book.com
封底无防伪标均为盗版　　　　　机工教育服务网：www.cmpedu.com

前 言

本书适用对象为职业院校计算机类相关专业的教师、学生及二维动画设计初学者。

通过本书的学习，读者可系统地学习 Flash CS6 软件的操作技巧。本软件对应的工作岗位是动画制作岗位。

本书将动画制作与设计有机结合，以大量实例配合理论讲解，力求让学生在掌握软件技能的同时，具有实际的创意思维和动画设计能力。本书采用模块－案例的形式编写，将 Flash 二维动画知识、基本技能、经验技巧等内容有机整合在 10 个模块的案例中，力求通过项目案例，让学生快速掌握软件基础操作；通过软件技能讲解，让学生了解到软件的深层次功能；通过强化练习，巩固学生的实际应用能力。

本书教学建议学时见下表：

模块	建议学时
模块 1　Flash CS6 基础知识	6
模块 2　Flash 绘图功能	12
模块 3　逐帧动画制作	6
模块 4　形状补间制作	6
模块 5　元件和动画补间动画	6
模块 6　遮罩层动画	6
模块 7　引导层动画	6
模块 8　声音和视频动画	6
模块 9　ActionScript 3.0 语法基础	8
模块 10　ActionScript 3.0 应用	10

为帮助职业院校计算机类相关专业学生和动画制作初学人员快速、系统地掌握 Flash 软件，几位长期在职业院校从事二维动画教学的教师共同编写了本书。本书由德州信息工程中等专业学校秦秋滢、赵海伟任主编，德州信息工程中等专业学校李雪、赵玉，德州职业技术学院韩淑芳任副主编，参与本书编写的还有德州信息工程中等专业学校王训峰、王瑞东、王娜、张钧和夏春梅。

限于编者水平，书中难免存在错误和不妥之处，敬请广大读者批评指正。

编者

| 目　录 |

前　言

模块 1　Flash CS6 基础知识 ……………………………………………… 001
　　项目任务 1-1　动画的基本原理、特点及应用 ………………………… 002
　　项目任务 1-2　Flash CS6 的工作界面 ………………………………… 004
　　项目任务 1-3　帧、图层、时间轴 ……………………………………… 006
　　项目任务 1-4　Flash CS6 动画制作基本操作 ………………………… 008
　　模块小结 ………………………………………………………………… 011
　　练一练 …………………………………………………………………… 012

模块 2　Flash 绘图功能 …………………………………………………… 013
　　项目任务 2-1　Flash CS6 动画制作基本工具 ………………………… 014
　　项目任务 2-2　Flash CS6 绘图工具 …………………………………… 019
　　项目任务 2-3　Flash CS6 着色工具 …………………………………… 024
　　项目任务 2-4　Flash CS6 文字工具 …………………………………… 030
　　模块小结 ………………………………………………………………… 032
　　练一练 …………………………………………………………………… 032

模块 3　逐帧动画制作 ……………………………………………………… 035
　　项目任务 3-1　川剧变脸 ………………………………………………… 036
　　项目任务 3-2　打字效果 ………………………………………………… 040
　　项目任务 3-3　旗帜飘动 ………………………………………………… 042
　　模块小结 ………………………………………………………………… 044
　　练一练 …………………………………………………………………… 044

模块 4　形状补间制作 ……………………………………………………… 047
　　项目任务 4-1　春暖花开 ………………………………………………… 048

项目任务 4-2　一笔画五角星 ………………………………………… 051
　　项目任务 4-3　水珠滴落 ………………………………………………… 053
　　模块小结 …………………………………………………………………… 054
　　练一练 ……………………………………………………………………… 054

模块 5　元件和动画补间动画 …………………………………………………… 057
　　项目任务 5-1　行驶的汽车 ……………………………………………… 058
　　项目任务 5-2　海底世界 ………………………………………………… 063
　　项目任务 5-3　飘落的树叶 ……………………………………………… 066
　　模块小结 …………………………………………………………………… 068
　　练一练 ……………………………………………………………………… 068

模块 6　遮罩层动画 …………………………………………………………… 071
　　项目任务 6-1　旋转的地球 ……………………………………………… 072
　　项目任务 6-2　卷轴画 …………………………………………………… 075
　　项目任务 6-3　水纹波动 ………………………………………………… 078
　　模块小结 …………………………………………………………………… 080
　　练一练 ……………………………………………………………………… 080

模块 7　引导层动画 …………………………………………………………… 081
　　项目任务 7-1　汽车行驶 ………………………………………………… 082
　　项目任务 7-2　跳动的音符 ……………………………………………… 086
　　项目任务 7-3　大雪纷飞 ………………………………………………… 089
　　模块小结 …………………………………………………………………… 091
　　练一练 ……………………………………………………………………… 091

模块 8　声音和视频动画 ……………………………………………………… 093
　　项目任务 8-1　小小读书郎 ……………………………………………… 094
　　项目任务 8-2　头脑风暴大挑战 ………………………………………… 105
　　项目任务 8-3　电视—儿歌《Ten Little Indians》 ………………………… 109
　　模块小结 …………………………………………………………………… 112
　　练一练 ……………………………………………………………………… 112

模块 9　ActionScript 3.0 语法基础 ·················· 115

- 项目任务 9-1　简单的 ActionScript 3.0 程序 ·················· 116
- 项目任务 9-2　简单变量 ·················· 121
- 项目任务 9-3　语句应用 ·················· 127
- 项目任务 9-4　函数定义和调用 ·················· 134
- 项目任务 9-5　小鸟飞走了 ·················· 140
- 模块小结 ·················· 142
- 练一练 ·················· 143

模块 10　ActionScript3.0 应用 ·················· 145

- 项目任务 10-1　鼠标拖动 ·················· 146
- 项目任务 10-2　彩色字幕 ·················· 149
- 项目任务 10-3　打字机效果 ·················· 154
- 项目任务 10-4　拼图游戏 ·················· 157
- 模块小结 ·················· 161
- 练一练 ·················· 161

参考文献 ·················· 162

模块 1

Flash CS6 基础知识

> **模块导读**
>
> Flash 是一款非常受欢迎的二维矢量绘图和动画制作软件。本模块将带你走进 Flash 动画世界，了解动画的基本原理、特点及应用，熟悉 Flash CS6 软件的工作界面及动画制作的基本操作。

> **学习目标**
>
> 1. 了解动画的基本原理、特点及应用。
> 2. 熟悉 Flash CS6 的工作界面。
> 3. 理解帧、图层、时间轴的概念。
> 4. 掌握 Flash CS6 动画制作的基本操作。

> **学习任务**
>
> 掌握 Flash CS6 动画制作的基本操作，如软件的启动，文件的新建、保存、打开、关闭及发布等。

项目任务 1-1 动画的基本原理、特点及应用

1. 动画的基本原理

正常情况下，人看过一个影像后的 1/16s 内仍能将这个影像存留在眼睛里，这种现象被称为"视觉暂留"。动画就是将物体的运动以 24 格/s 的时间分格法逐一分解、绘制并拍摄记录成序列图片，再以 24 格/s 的播放速度播放出来，利用人的"视觉暂留"原理产生连续运动的视觉效果而形成的一种特殊的影视艺术。

动画片在制作过程中可以不受客观现实的束缚，动画设计人员可以凭空想设计出现实生活中没有的情景，可以画出真实人物无法做出的特殊、夸张的动作。动画片在创作题材上更加广泛，创作空间更加大，这就给动画设计人员提供了一个更好的表现舞台。

目前，动画影片通常包括手绘动画片（Cartoon Animation Film）、木偶片（Puppet Animation Film）、剪纸片（Silhouette Lihoutte Animation Film）、计算机动画影片（Computer Animation Film）、实拍与动画合成片几大类。

现代动画艺术是艺术和科技的结合，动画制作已由过去的纯手工绘制、逐格拍摄、冲印、剪辑、配音工作演变为人与计算机合作。不断涌现的新的计算机动画制作技术，将使动画设计人员拥有更多、更快捷的精良工具。

2. 动画的特点

- 内容的丰富性

动画表现的内容十分丰富，从大自然的一切现象及变化到现实生活中的内容，从梦想的天地到未来的科学幻想，从看不见、摸不着的抽象内容到复杂多变的景象，动画都能以实实在在的形象、生动有趣的动作形象地表现出来。

- 风格的多样性

动画可以根据不同主题，选择不同的表现风格。如《骄傲的将军》《大闹天宫》等，使用我国传统戏曲、戏剧元素来表现，《渔童》《小号手》借用剪纸艺术的要素进行创作，《山水情》《牧童》《小蝌蚪找妈妈》等采用中国水墨画技法来表现，《九色鹿》等以古代壁画的形式进行创作。

- 表现的夸张性

动画的表现能力十分强大，它可以不受时空和自然规律的限制，完全按照设计者的设想进行大胆创作与表现。例如,《猫和老鼠》中的猫,一会儿被压成薄饼,一会儿被拉成橡皮筋,一会儿被吊在半空中停滞不动,一会被炸成千疮百孔,都是动画设计的效果。

3. 动画的应用

当今的动画是一个"大动画"概念,不仅指动画片,还被广泛应用到影视、广告、电子出版物、网络媒体、电子商务等多个方面,其衍生产品与日俱增,种类繁多,不胜枚举。

项目任务 1-2 Flash CS6 的工作界面

Flash 软件在每次版本升级时都会对界面进行优化，以提高用户的工作效率。Flash CS6 的工作界面更具亲和力，使用也更加方便。

1. Flash CS6 起始页

启动 Flash CS6 时，出现如图 1-1 所示的开始界面。

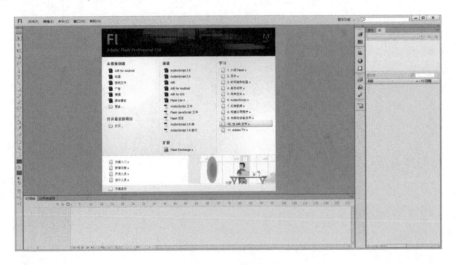

图 1-1　开始界面

2. Flash CS6 工作区

启动软件后，在"欢迎屏幕"中选择"新建"区域中的"Flash 文件（AcitonScript 3.0）"项目，进入工作界面。工作界面由标题栏、菜单栏、工具栏、工具面板、时间轴、舞台、属性面板、库面板、浮动面板等区域组成，如图 1-2 所示。

标题栏：位于窗口最上方，主要显示 Flash CS6 的程序名称、当前编辑的文档名称、"最小化"按钮、"最大化"按钮（或"还原"按钮）及"关闭"按钮。

菜单栏：位于标题栏的下方，Flash CS6 按照不同的类型将命令放在不同的菜单中，可以实现除了绘图之外的大多数操作。菜单栏将命令分为"文件""编辑""视图""插入""修改""文本""命令""控制""调试""窗口""帮助"11 类。

工具栏：位于菜单栏的下方，包括一些常用操作命令的快捷按钮，"新建""保存"等。

时间轴：位于工具栏的下方，用于控制和组织"图层"及"帧"的相关操作。"图层"位于时间轴的左侧，与Photoshop软件中的图层概念相似，每层各自存放着自己的内容，多层叠放在一起，但彼此互不影响。"帧"位于时间轴的右侧，Flash影片中的每一个画面称为一帧，通过连续播放即可产生动态效果。"关键帧"是指动画制作中的关键画面，当画面内容有大的改变时，需要插入关键帧。

舞台：位于界面中央的白色区域，是显示、编辑、绘制作品的地方。

属性面板：位于舞台下方，用于设置、修改文档及各种选择对象的属性，进入不同的对象，就有不同的属性面板。

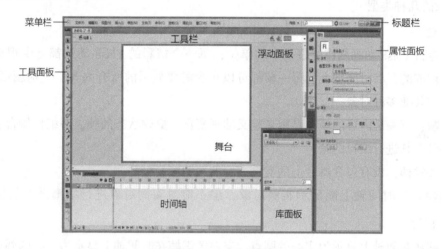

图1-2 工作界面

项目任务 1-3 帧、图层、时间轴

1. 帧的几种类型

(1) 特点

帧是进行 Flash 动画制作的最基本的单位，每一个精彩的 Flash 动画都是由很多个精心雕琢的帧构成的，在时间轴上的每一帧都可以包含需要显示的所有内容，包括图形、声音、各种素材和其他多种对象。

关键帧：有关键内容的帧，是用来定义动画变化、更改状态的帧，即编辑舞台上存在实例对象并可对其进行编辑的帧。

空白关键帧：没有包含舞台上的实例内容的关键帧。

普通帧：在时间轴上能显示实例对象，但不能对实例对象进行编辑操作的帧。

(2) 区别

关键帧在时间轴上显示为实心的圆点，空白关键帧在时间轴上显示为空心的圆点，普通帧在时间轴上显示为灰色填充的小方格，如图 1-3 所示。

图 1-3 关键帧、空白关键帧和普通帧

同一层中，在前一个关键帧的后面任一帧处插入关键帧，是复制前一个关键帧上的对象，并可对其进行编辑操作；如果插入普通帧，则是延续前一个关键帧上的内容，不可对其进行编辑操作；插入空白关键帧，可清除该帧后面的延续内容，可以在空白关键帧上添加新的实例对象。

在关键帧和空白关键帧上都可以添加帧动作脚本，在普通帧上则不能。

(3) 应用中需注意的问题

应尽可能地节约关键帧的使用，以减小动画文件的体积；尽量避免在同一帧处过多地使用关键帧，以减小动画运行的负担，使画面播放流畅。

2. 图层

图层就像透明的纸一样，在舞台上一层层地向上叠加。图层可以帮助用户组织文档中的插图。可以在图层上绘制和编辑对象，而不会影响其他图层上的对象。如果一个图层上没有内容，那么就可以透过它看到下面的图层。

要绘制、上色或者对图层上的元素进行修改，需要在时间轴中选择该图层以激活它。时间轴中的图层或文件夹名称旁边的铅笔图标表示该图层或文件夹处于活动状态。一次只能有一个图层处于活动状态（尽管一次可以选择多个图层）。图层如图1-4所示。

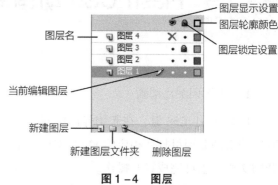

图1-4 图层

3. 时间轴

时间轴是Flash CS6进行动画制作时非常重要的一个面板，它包含图层和帧控制区等区域，如图1-5所示。

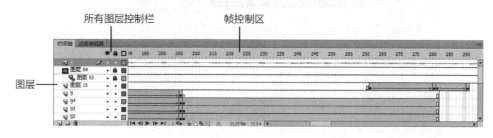

图1-5 时间轴

时间轴是创作动画时使用图层和帧，组织并控制动画内容的窗口，图层和帧中的内容随时间的改变而发生变化，从而产生了动画。时间轴主要由图层、帧和播放头组成。

时间轴左边的一列列出动画中的图层。每个图层的帧显示在图层名右边的一行中。位于时间轴上部的时间轴标号指示帧编号。播放头指示编辑区中显示的当前帧。

时间轴的状态行指示当前帧编号、当前帧速度和播放到当前帧用去的时间，在播放动画时显示实际的帧速度。如果计算机显示动画不够快，显示的帧速度可能与动画播放时的实际帧速度不同。

可以改变帧的显示方式，时间轴显示帧内容的缩图。时间轴能显示哪里有逐帧动画、过渡动画和运动路径。使用时间轴图层部分的控件（眼睛、锁、方框图标），可以隐藏、显示、锁定或解锁图层内容的轮廓。

可以在时间轴中插入、删除、选择和移动帧，也可以把帧拖到同一图层或不同图层中。

项目任务 1-4　Flash CS6 动画制作基本操作

1. 打开 Flash 动画

启动 Flash CS6 时，在起始界面中有"打开最近的项目"区域，如图 1-6 所示。单击其中的文件名即可打开相应的 Flash 文档。单击"打开"图标，在弹出的对话框中选择要打开的文档，也可完成打开操作。

进入 Flash 软件后，可选择"文件"→"打开"命令或按快捷键【Ctrl + O】完成外部 Flash 文档的打开。

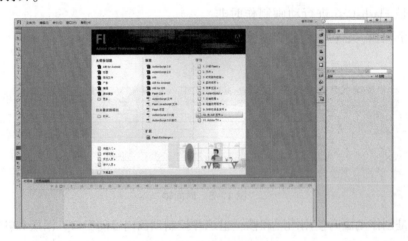

图 1-6　打开最近项目

2. 新建 Flash 动画

执行"文件"→"新建"命令或按快捷键【Ctrl + N】，弹出如图 1-7 所示"新建文档"对话框。

3. 保存 Flash 动画

如果是初次存储影片，可选择"文件"→"保存"或"文件"→"另存为"命令，或按快捷键【Ctrl + S/Ctrl + Shift + S】，打开"另存为"对话框，把 Flash 文档存储为".fla"格式（默认项）。

在"保存类型"下拉列表框中选择"Flash CS6 文档"选项，如图 1-8 所示。

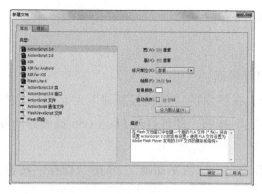

图1-7 "新建文档"对话框

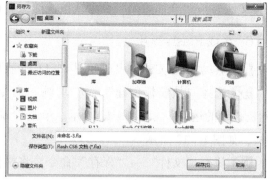

图1-8 "另存为"对话框

4. 播放与发布文档

当完成一个动画后,要进行动画的播放,执行"控制"→"播放"命令,就可以观看动画了。或者执行"控制"→"测试影片"→"在 Flash Professional 中"命令,播放影片的同时系统会自动生成一个 SWF 格式的文件。

执行"文件"→"导出"→"导出影片"命令或按快捷键【Ctrl + Alt + Shift + S】,弹出"导出影片"对话框,单击"保存"按钮确认,如图1-9所示。

执行"文件"→"发布设置"命令或按快捷键【Ctrl + Shift + F12】,在弹出的"发布设置"对话框中,勾选"Flash(.swf)"复选框和"Win 放映文件"复选框,并单击"确定"按钮确认,如图1-10所示,发布的文件将自动保存在源文件的同一路径下。

图1-9 "导出影片"对话框

图1-10 "发布设置"对话框

5. 关闭文档

在对同时打开的多个文档进行编辑后,可将其关闭,以便对其他文档进行编辑,通常可以执行"文件"→"关闭"命令或按快捷键【Ctrl + W】。如果要关闭所有的文档,可以执行"文件"→"全部关闭"命令或按快捷键【Ctrl + Alt + W】。

6．生成 Flash 影片

[01] 启动 Flash CS6，出现如图 1 - 11 所示开始界面。

[02] 选择"从模板创建"→"动画"命令，在弹出的"从模板新建"对话框中选择"随机缓动的运动"如图 1 - 12 所示。单击"确定"按钮，即可打开 Flash CS6 提供的动画模板，如图 1 - 13 所示。

[03] 执行"文件"→"保存"命令，将文件命名为"汽车动画"，单击"保存"按钮，如图 1 - 14 所示。

[04] 执行"控制"→"测试影片"→"测试"命令，出现影片测试窗口，一辆灯光闪烁的汽车迎面开来，如图 1 - 15 所示。

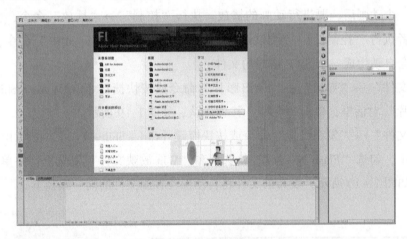

图 1 - 11　开始界面

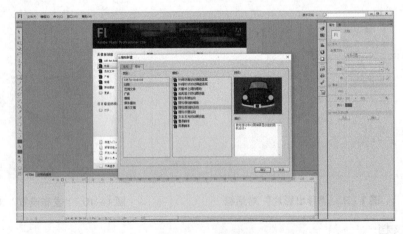

图 1 - 12　动画模板

图 1-13　生成动画

图 1-14　保存文件

图 1-15　影片测试

模块小结

本模块主要介绍了动画的基本原理、特点及应用，并着重介绍了 Flash CS6 的工作界面（如菜单栏、工具栏、工具面板、时间轴、舞台、浮动面板等），帧、图层、时间轴，以及 Flash CS6 的动画制作基本操作（如新建、打开、保存、播放、测试、发布等），为后续课程打下基础。

练一练

1. 制作一个笑脸变哭脸的交替变化的小动画,如图 1-16 所示。

图 1-16 笑脸变哭脸

2. 完成练一练 1 中的动画后,进行文档的保存和测试操作。

模块 2

Flash 绘图功能

▶ 模块导读

Flash CS6 是基于矢量的动画编辑软件,它具有强大的矢量图绘制和编辑功能。任何复杂的动画都是由基本图形组成的,因此,绘制基本图形是制作 Flash 动画的基础。本模块主要介绍动画制作的基本工具、绘图工具、着色工具、文字工具的使用和操作技巧。

▶ 学习目标

1. 掌握绘制模式、选择工具、缩放工具、手形工具、任意变形工具、图层的使用和操作技巧。

2. 掌握线条工具、矩形工具、椭圆工具、多角星形工具、钢笔工具、铅笔工具的使用和操作技巧。

3. 掌握刷子工具、颜料桶工具、滴管工具、墨水瓶工具、橡皮擦工具、颜色面板、样本面板的使用和操作技巧。

4. 掌握文字工具的使用和操作技巧。

▶ 学习任务

绘制"缤纷彩球"动画。

绘制"夏日椰风"动画。

绘制"欢乐一家"动画。

绘制"倒影字"动画。

项目任务 2-1　Flash CS6 动画制作基本工具

【案例目的】

通过绘制"缤纷彩球"动画，掌握绘制模式、选择工具、笔触和样式、任意变形工具、缩放工具、手形工具、图层的使用和操作技巧。

【案例分析】

"缤纷彩球"动画中主要用到绘制模式、选择工具、笔触和样式、任意变形工具、缩放工具、手形工具、图层面板等工具和面板，来绘制完成小球的层次感和不同造型的花纹，从而得到如图 2-1 所示的"缤纷彩球"效果图。由于篇幅有限，本案例仅讲解其中一个彩球的制作方法。

图 2-1　"缤纷彩球"效果图

【实践操作】

01 新建文件为 800×500 像素，舞台颜色为#002454。选择椭圆形工具 ，在属性面板中设置填充颜色为#BD686D，笔触为 1，如图 2-2 所示，按【Shift】键绘制正圆，得到粉色小球。

02 按【Alt】键拖动复制小球，填充颜色为#FF828A，同时再复制一个备用。将其中两个小球错位放置，如图 2-3 所示。利用"合并"绘制模式按【Delete】键删除上面的小球，得到如图 2-4 所示月牙形。

图 2-2　在属性面板中设置笔触和填充

03 新建图层2，移动图层2到图层1下方，再按快捷键【Ctrl+X】将备用小球剪切，并按快捷键【Ctrl+V】将其粘贴到图层2并与月牙形对齐，完成后如图2-5所示。

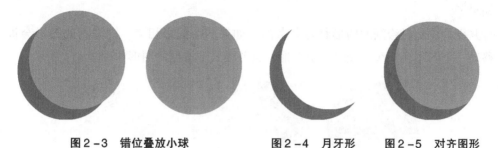

图2-3 错位叠放小球　　　　图2-4 月牙形　　　　图2-5 对齐图形

04 新建图层3，选择直线工具，绘制出如图2-6所示的线形效果，按快捷键【Ctrl+X】将线形剪切后，分别在图层1和图层2上按快捷键【Ctrl+Shift+V】将其粘贴到当前位置，利用"合并"绘制模式，让线条分割小球。然后将分割后的图形分别填充颜色为#C68D9A、#FCB5C3、#FDC9D5、#FFA0A8，如图2-7所示。

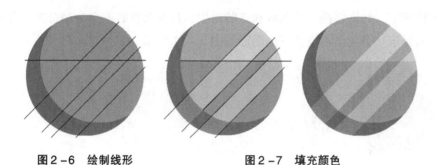

图2-6 绘制线形　　　　图2-7 填充颜色

05 新建图层4，复制图2-5的对齐图形，分别填充颜色为#009BDE、#0069A6，如图2-8所示。选择椭圆工具，利用"合并"绘制模式完成合并绘制图形，如图2-9所示。用线分割图形，分别填充颜色为#57C9E8、#019EC9，得到如图2-10所示最终效果。

图2-8 对齐图形　　　　图2-9 合并绘制图形　　　　图2-10 最终效果

【相关知识】

1. Flash 绘制模式

Flash CS6 有两种绘制模式，一种是"合并"模式，另一种是"对象绘制"模式。使用合并模式时不利于对图形整体进行操作，图形之间很容易粘在一起。而使用对象绘制模式时，单击对象绘制按钮 后，绘制出的图形是一个整体。单击选择工具 ，选择图形后便可进行编辑了。

合并模式：此时绘制的图形都是分散的，如果两个图形相交，则先画的图形会被覆盖掉，移动一个图形会永久改变另一个图形。合并模式下绘制的图形如图 2-11 所示。

图 2-11　合并模式下绘制的图形

对象绘制模式：单击工具面板内的对象绘制按钮 ，绘制出的图形周边有一个浅蓝色矩形框。在该模式下，允许将图形绘制成独立的对象，且在重叠时不会自动合并，分开图形时也不会改变其外形。对象绘制模式下的图形如图 2-12 所示。

图 2-12　对象绘制模式下的图形

2. 选择工具 　（快捷键【V】）

选择工具主要用来选择和移动对象。选取工具面板中的选择工具可以选择任意对象，如矢量图形、元件、位图。选中对象后还可以进行移动对象、改变对象形状等操作。

单击对象可选择单个对象；按下鼠标左键拖出矩形选取框，可以选择单个或多个对象。

按【Ctrl】键选中对象，拖动指针，当指针变成箭头后带 + 号的形状后，就可以复制对象。

单击选择工具 ，将指针移到直线的中间位置，当鼠标指针变为如 所示形状时，将直线拖动成弧线，直线变曲线，如图 2-13 所示。

图 2-13　直线变曲线

单击选择工具，将指针移到线的中间位置，按【Ctrl】键拖动指针，当鼠标指针变为如所示形状时，将线拖出一个角，如图2-14所示。

图2-14 拖出角点

3. 缩放工具 （快捷键【Z】）

缩放工具用来放大和缩小舞台的显示大小，在处理图像的细微处时，使用缩放工具可以帮助设计者完成重要细节的修改。选择缩放工具后，工具默认为"放大"，按下【Alt】键可临时切换为"缩小"。

4. 手形工具 （快捷键【H】）

当舞台的尺寸被放大，在工作区域不能完全显示舞台中的内容时，可以使用手形工具来移动视图。

5. 任意变形工具 （快捷键【Q】）

任意变形工具用来调整对象的宽度、高度、倾斜角度、旋转方向等。使用任意变形工具编辑对象时，首先要选中被编辑的对象。

当指针移动到对象的边角，指针变为时，可以改变对象的大小。
当指针移动到对象的左右边线中部，指针变为时，可以改变对象的宽度。
当指针移动到对象的上下边线中部，指针变为时，可以改变对象的高度。
当指针移动到对象的边线，指针变为时，可以改变对象的倾斜角度。
当指针移动到对象的边线外部，指针变为时，可以旋转对象。

6. 图层

Flash 中的图层就像一张张透明的纸，人们看到的最终的动画效果，就相当于透明的纸层叠到一起的最终效果。通过调整这些纸的顺序，就可以改变动画中图层的上下关系。在 Flash CS6 中，可以对图层进行选择、移动、复制以及删除等操作，如图2-15所示。

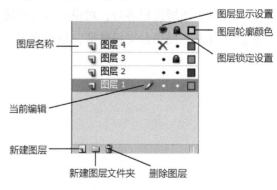

图2-15 图层面板

- 创建图层

在 Flash CS6 中，可以通过以下 3 种方法创建图层。

1) 选择"插入"→"时间轴"→"图层"命令。

2) 在图层列表中的某一个图层上，右击鼠标，在弹出的快捷菜单中选择"插入图层"命令。

3) 单击时间轴图层控制区底部的"插入图层"。

- 选择图层

在 Flash CS6 中，在时间轴中选择一个图层就能将该图层激活，当图层的名称旁边出现一个铅笔图标时，表示该图层是当前的工作图层（每次只能有一个图层是工作图层）。

- 移动图层

在时间轴图层控制区内，拖曳要移动的图层到目标处，即可完成图层的上下移动，从而改变图层的顺序。

- 复制图层

在制作动画的过程中，有时需要复制一个图层，将该图层拖曳到新建图层按钮上，就可以复制同样的一个图层。

- 删除图层

在制作动画的过程中，对于多余的图层，需要删除，可以单击时间轴图层控制区底部的"删除"按钮，或者选择需要删除的图层，右击鼠标，在弹出的快捷菜单中选择"删除图层"命令。

- 重命名图层

在默认情况下，系统都会以"图层 1""图层 2"等名称给图层命名。当图层较多时，双击需要重命名的图层，在文本框中输入新名称，就可以进行图层的重命名。

- 显示和隐藏图层

在场景中图层比较多时，对单一的图层进行编辑时会感到不方便，用户可以将不需要的图层隐藏起来，使舞台变得整洁，以提高工作效率。

项目任务 2-2　Flash CS6 绘图工具

🛥️ 【案例目的】

通过绘制"夏日椰风"动画，掌握线条工具、矩形工具、椭圆工具、多边形工具、钢笔工具、铅笔工具的使用方法和操作技巧。

🛥️ 【案例分析】

"夏日椰风"动画由蓝天、白云、太阳、海水、沙滩、椰树等元素组成。在绘制时，利用直线工具完成海水的绘制，用椭圆工具完成太阳、椰果和云朵的绘制，用矩形工具和钢笔工具完成沙滩的绘制。最终完成这幅清爽的海边椰树风景，如图 2-16 所示。

图 2-16　"夏日椰风"效果图

🛥️ 【实践操作】

1. 绘制太阳、蓝天和白云

01 创建一个新的 Flash 文档，类型为 ActionScript 3.0，设置舞台大小为 550×400 像素，背景为浅蓝色（#81D3F8），如图 2-17 所示。

02 新建图层 1，设置填充色为白色，选择椭圆工具 ◎，绘制随意椭圆形，并利用 Flash 的"合并模式"绘制出云朵，如图 2-18 所示。新建图层 2，使用相同方法绘制出白色和浅蓝色（#81D3F8）的图形，增加云朵的层次感。

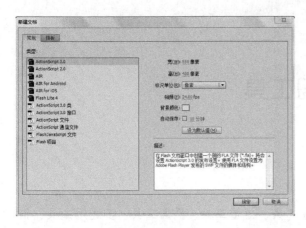

图2-17 新建文档　　　　　图2-18 绘制云朵

03 新建图层3，绘制圆形，设置填充色为黄色，描边为黑色。选择直线工具，在圆中间绘一条直线。使用"合并模式"将圆分为两半，删除多余部分，得到初升太阳的效果，用直线工具绘出太阳的光芒，如图2-19所示。利用"合并模式"同时完成太阳倒影的绘制，如图2-20所示。

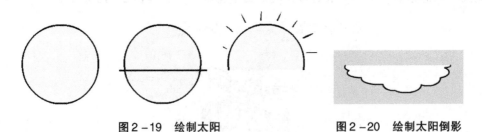

图2-19 绘制太阳　　　　　图2-20 绘制太阳倒影

2. 绘制水面、沙滩

新建图层4，选择矩形工具绘制矩形，填充颜色为#81D3F8，绘制海水。用直线工具绘出水波纹，如图2-21所示。

新建图层5，选择矩形工具，在属性面板中选择笔触为3，样式为锯齿线，如图2-22所示，绘制矩形，填充为白色，描边为黑色。使用选择工具，编辑线条成为曲线，删除两侧连线。选中该图形并复制一个，并将填充色改为#EEDA71，两图形错层制作出如图2-23所示效果，或用钢笔工具直接绘出如图2-23所示的海水和沙滩效果。

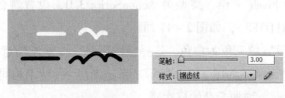

图2-21 绘制水波纹　　　　　图2-22 锯齿

图 2-23　绘制海水和沙滩

3. 绘制椰树

新建图层 6，选择钢笔工具 ，逐层绘出椰树的叶子和树干，如图 2-24 和图 2-25 所示。用椭圆形工具 绘出椰果，最后用相同的方法完成小草的绘制。

图 2-24　绘制椰树叶　　　　　图 2-25　绘制椰树树干

【相关知识】

1. 线条工具 （快捷键【N】）

使用工具面板中的线条工具可以绘制不同属性的线条。选择绘制的线条，在属性面板的"填充和笔触"选项中可以对线条的属性进行设置，如图 2-26 所示。

属性面板中主要选项的含义如下：

"笔触颜色"色块：单击色块，在弹出的颜色面板中选择所需的颜色，或者单击颜色面板右上角的按钮，在弹出的"颜色"对话框中对"笔触颜色"进行设置。

"笔触高度"文本框：用来设置所绘制线条的粗细度。可以拖动"笔触"滑块来设置高度，也可以在文本框中输入笔触的高度值。

"样式"列表框：单击右侧的下拉按钮，可以在弹出的列表框中选择绘制的线条样式。

按住【Shift】键并拖动鼠标，可以绘制 45 度的线条，按【N】键可以选择线条工具。

2. 矩形工具 （快捷键【R】）

使用矩形工具可以绘制矩形和正方形。通过矩形工具的属性面板设置矩形的边框属性和填充色等。当移动"矩形选项"中的滑块位置时，可以绘制各种不同圆弧的圆角矩形。矩形工具属性面板如图 2-27 所示。

按住【Shift】键并拖动鼠标，可以绘制正方形，按【R】或【O】键可进行矩形工具与椭圆工具的切换。

3. 椭圆工具 (快捷键【O】)

使用椭圆工具可以绘制椭圆、正圆、环形等几何图形。通过椭圆工具的属性面板中的内径参数设置，可以绘制环形；设置开始角度和结束角度可以绘制半弧；按住【Shift】键并拖动鼠标，可以绘制正圆。椭圆工具属性面板如图2-28所示。

图2-26　线条工具属性面板　　　图2-27　矩形工具属性面板　　　图2-28　椭圆工具属性面板

4. 多角星形工具（星形）

使用多角星形工具可绘制多边形和多角星形。利用多角星形工具属性栏中的选项对话框，可以设置绘制的样式、边数、星形顶点的深度。多边形工具属性面板如图2-29所示，多边形工具设置对话框如图2-30所示。

图2-29　多边形工具属性面板　　　图2-30　多边形工具设置对话框

5. 钢笔工具 (快捷键【P】)

使用钢笔工具可以绘制线条或曲线，绘制线条时只需单击；如要绘制曲线，可在单击的同时拖动鼠标，如图 2-31 所示。

图 2-31 绘制直线和曲线路径的方法

钢笔工具能精确地调整线条的角度、长度及曲线的斜度。可以通过添加锚点工具 ♦️、删除锚点工具 ♦️ 和转换锚点工具 ▶️ 来调整曲线。图 2-32 展示了绘制心形的方法，先用线条工具绘制闭合三角形，在三角形水平线中间添加锚点 ♦️ 并按【Ctrl】键下拉，在两个角点上分别按【Alt】键拖动转换锚点 ▶️。

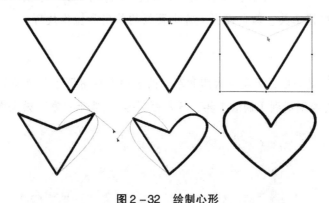

图 2-32 绘制心形

6. 铅笔工具 ✏️（快捷键【Y】）

使用铅笔工具不仅可以绘制出不封闭的直线、竖线和曲线，还可以绘制出各种不规则的封闭图形。使用铅笔工具绘制的曲线通常不够精确，但可以通过编辑曲线进行修整。

铅笔模式有直线化、平滑、墨水三种笔触，如图 2-33 所示。

直线化：选择该模式绘制出的曲线将为直线，即降低平滑度。

平　滑：选择该模式绘制出的曲线将自动光滑，即增加平滑度。

墨　水：选择该模式绘制出的曲线将不做处理，即不改变平滑度。

图 2-33 铅笔模式

项目任务 2-3　Flash CS6 着色工具

🚢【案例目的】

通过绘制"欢乐一家"动画，掌握刷子工具、颜料桶工具、墨水瓶工具、滴管工具、渐变变形工具、橡皮擦工具、颜色面板、样本面板的使用和操作技巧。

🚢【案例分析】

在"欢乐一家"动画中，天空、太阳和草地的绘制主要用到了颜色面板、渐变变形工具，小鸡、风车、栅栏的绘制用到了滴管工具、样本面板等。"欢乐一家"效果图如图 2-34 所示。

图 2-34　"欢乐一家"效果图

🚢【实践操作】

1. 绘制蓝天、太阳和草地

01 新建文件为 800×500 像素。选择矩形工具，绘制矩形并选中，设置描边色为无。单击填充颜色按钮，如图 2-35 所示。选择渐变填充，如图 2-36 所示。选择颜色面板，如图 2-37 所示。选择并单击渐变色条上的第一个滑块，如图 2-38 所示，在弹出的色块中选择合适的蓝色。再单击渐变色条上的第二个滑块，在弹出的色块中选择白色。选择渐变类型为线性渐变，如图 2-39 所示。

 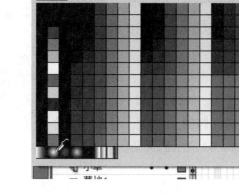

图 2-35　选择填充颜色　　　　图 2-36　选择渐变填充

 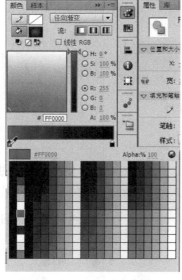 

图 2-37　选择颜色面板　　图 2-38　选择渐变滑块　　图 2-39　选择线性渐变

02 选中进行了渐变填充的矩形，单击渐变变形工具，将指针放置在右上角，待其变为旋转图标后，可对填充渐变进行变形操作。通过旋转，得到如图 2-40 所示的渐变变形效果。

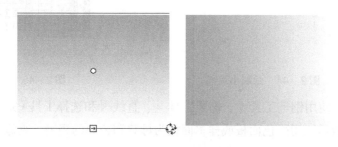

图 2-40　渐变变形

03) 新建图层，选择椭圆形工具 ◎，按【Shift】键绘制正圆形。利用相同方法，进行圆形的渐变填充，选择径向渐变，如图 2-41 所示，得到太阳图形。

04) 新建图层，选择钢笔工具 ♦，绘制出草地并用相同方法填充渐变色，如图 2-42 所示。

05) 新建图层，选择椭圆工具 ◎，利用合并绘制模式，绘制出如图 2-43 所示的云朵。

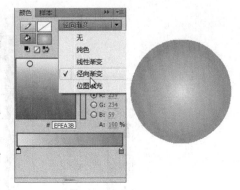

图 2-41 选择径向渐变

图 2-42 草地

图 2-43 云朵

2. 绘制小鸡、母鸡和公鸡

01) 新建图层，使用钢笔工具 ♦ 完成小鸡身体的绘制，使用椭圆工具 ◎ 绘制出小鸡的眼睛，使用直线 ＼ 和选择工具 ▶ 完成小鸡眨眼的绘制，如图 2-44 所示。利用样本面板（图 2-45）或颜色面板，为小鸡填充颜色，可以选择自己喜欢的颜色。

图 2-44 绘制小鸡

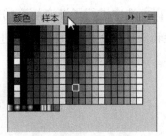

图 2-45 样本面板

02) 新建图层，使用钢笔工具 ♦、椭圆工具 ◎、直线 ＼ 和选择工具 ▶ 完成母鸡和公鸡的绘制，如图 2-46 所示。用颜色面板或样本面板为母鸡和公鸡的翅膀、鸡冠、头上的羽毛填充好看的渐变色。

图 2-46　绘制母鸡和公鸡

3. 绘制鸡蛋

01 新建图层，使用钢笔工具 ♦ 和选择工具 ▶ 完成草窝的绘制，用椭圆工具 ○ 绘制鸡蛋。

02 用选择工具 ▶，对鸡蛋稍加调整，拖出鸡蛋的尖头，最后使用钢笔工具 ♦ 绘制出阴影部分，如图 2-47 所示。

图 2-47　绘制鸡蛋

4. 绘制栅栏

01 新建图层，使用矩形工具 □ 绘制栅栏的横竖木板，再结合选择工具 ▶ 做调整，拖出栅栏竖板上的尖头，用椭圆工具 ○ 加上钉子，最后完成栅栏的绘制，填充接近木板的颜色，如图 2-48 所示。

02 选中栅栏，单击颜料桶工具 ◊，可对栅栏图形内部进行填充，若使用墨水瓶工具 ◊，则为栅栏图形添加边线色，如图 2-49 所示。使用滴管工具 ✎ 还可以在画面中任意位置选取喜欢的颜色进行填充。

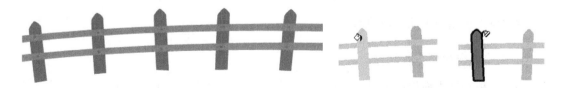

图 2-48　绘制栅栏　　　　　　图 2-49　使用颜料桶工具和墨水瓶工具

【相关知识】

1. 刷子工具 （快捷键【B】）

使用刷子工具，可以利用画笔的各种形状，为各种物体涂抹颜色。选择刷子工具后，在工具面板下方单击"刷子模式"按钮，可以选择5种模式，如图2-50所示。各模式的含义如下：

"标准绘画"模式：在同一层的线条和填充区域上涂色。

"颜料填充"模式：对填充区域和空白区域涂色，不影响线条。

"后面绘画"模式：在舞台上同一层的空白区域涂色，不影响线条和填充区域。

图2-50 刷子模式

"颜料选择"模式：可将新的填充应用到选择区域中。

"内部绘画"模式：对开始刷子笔触时所在的填充区域进行涂色，但不对线条涂色。

2. 颜料桶工具 （快捷键【K】）

颜料桶工具可以给选择区域或封闭区域填充颜色或位图等。选择颜料桶工具后，在工具面板中单击图标，选择一个空隙大小选项，从而决定颜料桶工具的填充方式，如图2-51所示。

图2-51 颜料桶填充模式

3. 滴管工具 （快捷键【I】）

滴管工具可以吸取矢量色块属性、矢量线条属性、位图属性以及文字属性等，并可以将选择的属性应用到其他对象中。

4. 墨水瓶工具 （快捷键【S】）

墨水瓶工具可以为绘制好的矢量线段填充颜色，或为一个填充图形区域添加封闭的边线。

5. 橡皮擦工具 （快捷键【E】）

橡皮擦工具用来擦除多余的部分。

6. 颜色面板和样本面板

颜色面板和样本面板都可以对图形元素进行填色。颜色面板的调色更精准，还可以进行渐变色的编辑，如图2-52所示。样本面板中提供了很多的颜色块，使填色过程更加快捷方便，如图2-53所示。

 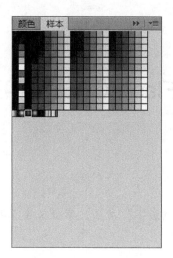

图2-52 颜色面板　　　图2-53 样本面板

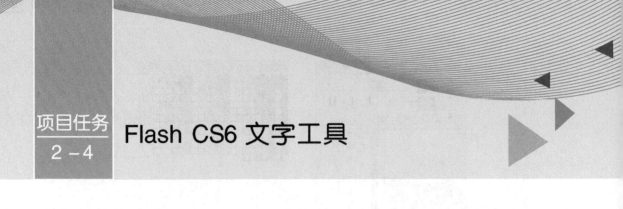

项目任务 2-4　Flash CS6 文字工具

【案例目的】

通过制作"倒影字"动画，掌握文字工具的使用和操作技巧。

【案例分析】

通过"倒影字"动画，学习文本工具、文本类型和文本属性面板，制作出如图 2-54 所示的"倒影字"效果。

图 2-54　"倒影字"效果

【实践操作】

01 新建文件为 800×600 像素，舞台颜色为 #66CC66。

02 选择文字工具 T，在文本属性面板中修改字号、字体和颜色，如图 2-55 所示。文本属性面板分为字符编辑和段落编辑两部分。在字符面板中选择字体为"百度综艺简体"，颜色为 #000099，如图 2-56 所示。

03 使用文本工具，在舞台上拖动指针，输入文本"水中倒影"，如图 2-57 所示。

图 2-55　文本属性面板

图 2-56　字符面板

图 2-57　输入文本

04 复制文本,并将其粘贴到当前位置,向下移动文本,执行"修改"→"变形"→"垂直翻转"命令,如图 2 – 58 所示。选中下面的文本,按快捷键【Ctrl + B】进行打散,(打散会使文本失去文本属性,可进行任意的笔触和填充修改)。翻转文字后的效果如图 2 – 59 所示。

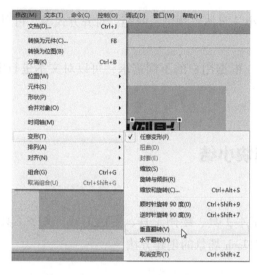

图 2 – 58 "垂直翻转"命令   图 2 – 59 翻转文字

05 选中下面的文本,在颜色面板中修改 Alpha 参数值为 22%,如图 2 – 60 所示。得到"水中倒影"的最终效果图,如图 2 – 61 所示。

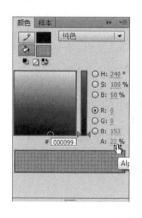

图 2 – 60 Alpha 参数值   图 2 – 61 "水中倒影"最终效果图

【相关知识】

1. 文本的类型

在 Flash CS6 中,文本是一种特殊的对象,它具有图形的属性,又具有独特的属性;既可以作为运动渐变的对象,又可以作为形状渐变动画的对象。

在 Flash CS6 中，文本的类型分为静态文本、动态文本和输入文本。静态文本是用来显示不会动态更改字符的文本，一般由文本工具来创建；动态文本是用来显示动态更改的文本；输入文本是用户输入的任何文本，或用户可以编辑的动态文本。

2. 文本工具 T （快捷键【T】）

文本的设置，包括文本类型、位置、大小、字体、颜色、间距、对齐方式等，可以利用文本工具的属性栏来完成设置。

对于文本的变形，在制作动画的过程中，根据用户的不同需求，可以对文本进行缩放、旋转、倾斜和编辑等操作。

模块小结

本模块主要介绍了 Flash 动画制作中的基本工具、绘图工具、着色工具、文字工具的使用和操作技巧等，带领大家更详细地学习了 Flash 场景的创建方法。

练一练

1. 完成红色小瓢虫的绘制，如图 2-62 所示。

图 2-62　红色小瓢虫

2. 绘制表情包，如图 2-63 所示。

图 2-63　表情包

3. 绘制海上风情动画,如图 2-64 所示。

图 2-64 海上风情

4. 绘制水果派对动画,如图 2-65 所示。

图 2-65 水果派对

5. 利用所学绘制工具和填充颜色的方法,完成卡通车的绘制,如图 2-66 所示。

图 2-66 卡通车

6. 在 Flash 中练习中英文和符号的文本输入，如图 2-67 所示。

图 2-67　Flash 文本输入

7. 在 Flash 中完成描边和渐变色填充的文本效果，如图 2-68 所示。

图 2-68　Flash 文本效果

模块 3

逐帧动画制作

📚 模块导读

Flash 动画分为逐帧动画和补间动画,其中逐帧动画是最基础的动画。逐帧动画每一帧的内容不同,连续播放一系列画面,给视觉造成连续变化的图画。

本模块主要介绍逐帧动画的制作方法,并根据需要进行编辑。

📚 学习目标

1. 了解 Flash 逐帧动画的原理。
2. 掌握逐帧动画的制作方法。

📚 学习任务

制作"川剧变脸"动画。
制作"打字效果"动画。
制作"旗帜飘动"动画。

项目任务 3-1 川剧变脸

【案例目的】

通过制作"川剧变脸"动画,了解 Flash 逐帧动画的原理,学习在 Flash 软件中制作逐帧动画的方法。

【案例分析】

"川剧变脸"的动画播放后,可以看到,图片中的人物在不断地变脸,如图 3-1 所示。本案例使用 5 张基本图像,分别放置在时间轴的 5 帧上,完成了逐帧动画的制作,"脸谱"逐帧图如图 3-2 所示。

图 3-1 "川剧变脸"动画 　　　　图 3-2 "脸谱"逐帧图

【实践操作】

1. 创建背景

01 创建一个新的 Flash 文档,设置舞台大小为 320×480 像素,背景为白色(#ffffff)。

02 将"图层 1"的图层重命名为"川剧变脸"。执行"文件"→"导入"→"导入到库"命令,导入"川剧变脸.jpg"图片。

03 从库面板中将"川剧变脸.jpg"图片拖入舞台中,选中图片,在对齐面板中设置图片与舞台对齐,选中第 60 帧,按【F5】键添加普通帧,锁定图层。

2. 制作变脸逐帧动画

01 执行"文件"→"导入"→"导入到库"命令,选择"脸谱1"~"脸谱5"素材,单击"打开"按钮,如图3-3所示。

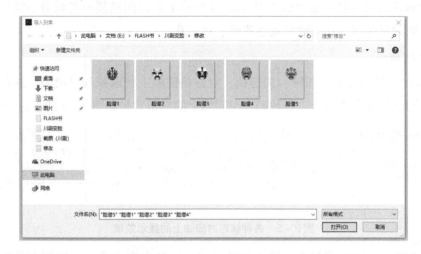

图3-3 "导入到库"对话框

02 新建图层,并将图层命名为"脸谱",选中第10帧,按【F6】键插入关键帧,将"脸谱1.jpg"拖入舞台,调整位置。依次在第20帧、第30帧、第40帧、第50帧的位置添加空白关键帧,将"脸谱2.jpg"~"脸谱5.jpg"依次放置到空白关键帧上,调整图片位置,此时的时间轴面板如图3-4所示。

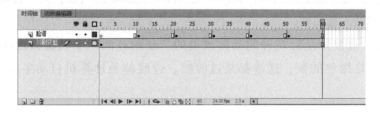

图3-4 时间轴面板

3. 测试动画

01 按快捷键【Ctrl+S】保存文件,命名为"川剧变脸.fla",按【Enter】键可测试动画在时间轴上的播放效果。

02 按快捷键【Ctrl+Enter】打开Flash Player播放影片,观看"川剧变脸"动画效果。

【相关知识】

1. 帧的类型

时间轴是Flash动画的核心,而帧是时间轴的核心。在制作动画之前,要掌握帧的含义、种类及创建等知识。

(1) 帧的含义

帧,就是动画基本单位,相当于电影胶片上的每一格镜头。一帧就是一幅静止的画面,连续的帧就形成动画。帧频用"fps"表示,就是在 1 秒时间里播放的帧数。帧频越高,每秒显示的画面数量越多,动画效果就越流畅、越逼真。

(2) 帧的种类

Flash 动画中帧的种类有四种:关键帧、空白关键帧、普通帧和过渡帧。这些帧都在时间轴上用不同的形式表现出来。各种帧在时间轴上的显示效果如图 3-5 所示。

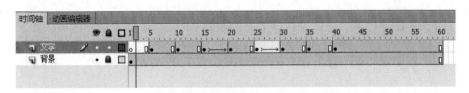

图 3-5　各种帧在时间轴上的显示效果

1) 关键帧：关键帧是带有小黑点的帧,表示该帧中有内容。关键帧中的内容是可以修改的,是定义动画的关键环节。按【F6】键可以添加关键帧。

2) 空白关键帧：空白关键帧上带有白色圆圈,表示该帧中没有内容。每个图层的第 1 帧均默认为空白关键帧,可以通过创建内容,使其变成关键帧。按【F7】键可以添加空白关键帧。

3) 普通帧：普通帧是灰色的,其内容是前面的关键帧的内容,是关键帧内容的延续。按【F5】键可以插入普通帧。

4) 过渡帧：过渡帧是针对补间动画来说的,动画补间两个关键帧之间是紫色的帧,形状补间帧之间是绿色的帧,这些都是过渡帧。过渡帧是计算机自动生成的,无法修改过渡帧内容。

(3) 帧的创建

在帧上右击鼠标,可以打开帧的快捷菜单,选择与帧有关的命令,如"插入帧""删除帧"等。

2. 逐帧动画的概念

逐帧动画是一种常见的动画手法,它的原理是在连续的关键帧中分解动画动作,也就是每一帧中的内容不同,通过连续播放形成动画。

逐帧动画是逐帧绘制帧内容。由于逐帧动画是一帧一帧的动画,所以具有非常大的灵活性,几乎可以表现任何想表现的内容。

3. 创建逐帧动画的方法

创建逐帧动画有以下几种方法：

（1）通过导入图片素材创建逐帧动画

将"*.jpg""*.png"等格式的静态图片连续导入 Flash 软件中，可以创建一段逐帧动画。还可以导入 GIF 序列图像、SWF 动画文件或者利用第三方软件产生的动画序列。

（2）绘制矢量逐帧动画

在场景舞台中一帧帧地绘制出帧的内容。

（3）文字逐帧动画

用文字作为帧中的元素，实现文字出现、跳跃、旋转等特效。

项目任务 3-2 打字效果

⛵【案例目的】

通过制作"打字效果"动画，掌握文字逐帧动画的制作方法，进一步学习在 Flash 软件中制作逐帧动画的方法。

⛵【案例分析】

"打字效果"的动画播放后，可以看到图片中的文字逐一出现，如图 3-6 所示。本案例通过使用文本工具输入文字，实现了文字逐帧动画的制作。

图 3-6 "打字效果"动画

⛵【实践操作】

1. 创建背景

01 创建一个新的 Flash 文档，设置舞台大小为 550×400 像素，背景为白色（#ffffff）。

02 将"图层 1"图层名重命名为"背景"。执行"文件"→"导入"→"导入到舞台"命令或按快捷键【Ctrl+R】，导入"背景.jpg"图片。

03 使用对齐面板调整背景图片的位置和大小，使图片大小与舞台大小相匹配，选择第 60 帧，按【F5】键添加普通帧。锁定"背景"图层。

2. 制作打字效果

01 单击新建图层按钮，将图层命名为"文字"，选择第 5 帧，按【F6】添加关键帧。

02 选择"文本工具" T ，设置文字颜色为白色（#ffffff），文字大小为 25 点，首字大小为 35 点。依照样片设置文字位置，并在滤镜面板中为文字添加"内阴影"滤镜，如图 3-7 所示。

03 选择文字图层，按快捷键【Ctrl + B】，将文字打散。选择第 10 帧，添加关键帧，删除"来"字。选择第 15 帧，添加关键帧，删除"自"字。依次在第 20、25、30、35、40 帧添加关键帧，依次删除"风""清""开""盛""若""你"字。

04 选中文字图层中的所有帧，右击鼠标，在弹出的快捷菜单中选择"翻转帧"命令，如图 3-8 所示。

05 调整时间轴中帧的位置，如图 3-9 所示。

图 3-8 "翻转帧"命令

图 3-7 滤镜面板

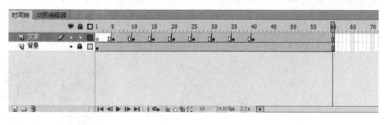

图 3-9 时间轴

3. 测试动画

01 按快捷键【Ctrl + S】保存文件，命名为"打字效果.fla"，按【Enter】键可测试动画在时间轴上的播放效果。

02 按快捷键【Ctrl + Enter】打开 Flash Player 播放影片，观看"打字效果"动画效果。

【相关知识】

编辑帧

在 Flash CS6 中，系统提供了强大的帧编辑功能，用户可以根据需要在"时间轴"面板中编辑各种帧。编辑帧可以通过在菜单中选择命令来完成，也可选择需要编辑的帧，右击鼠标，在弹出的快捷菜单（图 3-10）中选择各种编辑帧的命令。在时间轴中，可以选择帧，并进行移动、翻转、复制、转换、删除和清除等操作。

图 3-10 帧的快捷菜单

项目任务 3-3 旗帜飘动

【案例目的】

通过制作"旗帜飘动"动画,学习使用 Flash 绘图工具,对每一帧上的图片进行微调,达到逐帧播放的动态效果。

【案例分析】

"旗帜飘动"的动画播放后,可以看到图片中的旗帜在不断地变化,如图 3-11 所示。本案例通过绘制旗帜,实现旗帜飘动的效果,如图 3-12 所示。

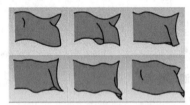

图 3-11 "旗帜飘动"动画   图 3-12 "旗帜"逐帧图

【实践操作】

1. 创建背景

01 创建一个新的 Flash 文档,设置舞台大小为 550×400 像素,背景为白色(#ffffff)。

02 将"图层 1"图层重命名为"背景",使用矩形工具▭绘制背景,颜色类型选择"线性渐变",颜色选择从浅蓝色(#7FC5F7)到淡蓝色(#E5F2FC)渐变,如图 3-13 所示。使用颜料桶工具▣填充背景颜色,在第 30 帧的位置按【F5】键添加普通帧。

2. 制作旗杆

新建图层,命名为"旗杆",使用矩形工具▭和椭圆工具◯绘制旗杆,线性渐变填充颜色,如图 3-14 所示。在第 30 帧的位置按【F5】键添加普通帧。

图 3-13　颜色面板　　　　图 3-14　"旗杆"效果

3. 制作旗帜动画

01 新建图层，命名为"旗帜"。在第 1 帧中使用铅笔工具 绘制旗帜的形状，笔触大小为 4，笔触颜色为黑色（#000000）。每隔 4 帧添加关键帧，调整旗帜的形状，对旗帜稍作修改。为方便观看前一帧旗帜的形状，可以打开时间轴中的"绘图纸外观"按钮，如图 3-15 所示，修改旗帜的形状，了解旗帜飘动的状态，如图 3-16 所示。

图 3-15　"绘图纸外观"按钮　　　　图 3-16　使用"绘图纸外观"显示多帧内容

02 调整图层顺序，按【Enter】键预览动画，时间轴如图 3-17 所示。

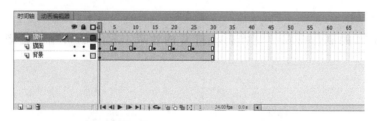

图 3-17　时间轴

4. 测试影片

按快捷键【Ctrl+S】保存文件，命名为"旗帜飘动.fla"，按【Enter】键可测试动画在时间轴上的播放效果。

按快捷键【Ctrl+Enter】打开 Flash Player 播放影片，观看"旗帜飘动"动画效果。

【相关知识】

绘图纸外观

通常情况下,Flash 在舞台中一次只显示动画的一帧。为了帮助定位和编辑逐帧动画,可以在舞台中一次查看两帧或多帧。

使用绘图纸功能,就不用通过翻转来查看前后帧的内容,并能够平滑地制作出移动的对象。启用绘图纸外观功能后,播放头下方的帧用全彩显示,其余的帧是暗淡的,看起来就好像每帧都是画在一张透明的绘图纸上,而这些绘图纸相互层叠在一起。

单击"绘图纸外观"按钮后,在"绘图纸起始点"和"绘图纸终止点"编辑之间的所有帧被重叠为"文档"窗口中的一帧。

模块小结

本模块给大家介绍了什么是帧以及逐帧动画的相关知识。在创建逐帧动画的过程中有以下几个注意事项:

1)按照动画显示的先后顺序有序制作。
2)如果前后两帧关联较大,建议添加关键帧,在原有关键帧上进行修改。
3)如果前后两帧关联不大,建议添加空白关键帧重新绘制。

练一练

1. 打开的折扇

使用逐帧动画的制作方法,制作折扇打开的效果。打开的折扇最终效果如图 3-18 所示。

图 3-18 打开的折扇

2. 变色的文字

使用文本工具输入文字，添加关键帧并修改文字颜色，制作文字逐帧变化效果。变色的文字最终效果如图3-19所示。

图3-19　变色的文字

模块 4

形状补间制作

模块导读

Flash 动画分为逐帧动画和补间动画,补间动画是 Flash 动画设计的核心,形状补间动画常用于形成基本形状。

本模块主要介绍形状补间动画的制作方法,并根据需要进行编辑。

学习目标

1. 了解 Flash 形状补间动画的原理。
2. 掌握形状补间动画的制作方法。

学习任务

制作"春暖花开"动画。
制作"一笔画五角星"动画。
制作"水珠滴落"动画。

项目任务 4-1　春暖花开

【案例目的】

通过制作"春暖花开"动画，了解 Flash 形状补间动画的原理，学习在 Flash 软件中制作形状补间动画的方法。

【案例分析】

"春暖花开"的动画播放后，可以看到动画中的四朵花逐一发生形变，变换成不同色彩的文字，如图 4-1 所示。本案例通过使用椭圆工具、文本工具添加形状补间，完成形状补间动画的制作。

图 4-1　"春暖花开"动画效果

【实践操作】

1. 创建背景

01 创建一个新的 Flash 文档，设置舞台大小为 550×400 像素，背景为白色（#ffffff）。

02 将"图层1"图层重命名为"背景"，使用矩形工具绘制背景。

2. 制作花变文字动画

01 新建图层，命名为"花1"。选择第 10 帧，添加关键帧，使用椭圆工具绘制椭圆，打开变形面板，更改旋转角度为 60 度，连续单击"重置选区和变形"按钮，如图 4-2 所示，实现花朵的绘制，如图 4-3 所示。选择第 40 帧，添加空白关键帧，在花朵的位置输入"春"字，选择普通帧，右击"创建补间形状"命令。

图4-2 变形面板　　　　　　　图4-3 绘制花朵

02 新建图层，命名为"花2"。选择第40帧，添加关键帧，使用椭圆工具绘制花朵，选择第70帧，添加空白关键帧，在花朵的位置输入"暖"字，选择普通帧，右击"创建补间形状"命令。

03 类比"春""暖"两个字的动画制作方法，完成"花""开"两个字的形变动画，时间轴如图4-4所示。

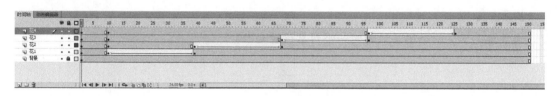

图4-4 时间轴

3. 测试动画

01 按快捷键【Ctrl+S】保存文件，命名为"春暖花开.fla"，按【Enter】键可测试动画在时间轴上的播放效果。

02 按快捷键【Ctrl+Enter】打开Flash Player播放影片，观看"春暖花开"动画效果。

【相关知识】

1. 形状补间动画的概念

在Flash的时间轴面板上，在一个关键帧中绘制一个形状，然后在另一个关键帧中更改该形状或绘制另一个形状，Flash会根据二者之间的帧的值或形状来自动创建动画，这种动画被称为"形状补间动画"。

2. 构成形状补间动画的元素

形状补间动画可以实现两个图形之间颜色、形状、大小、位置的相互变化，其变形的灵活性介于逐帧动画和动画补间动画之间。如果要对图形元件、按钮、文字、组合对象等设置形状补间，则必须先按快捷键【Ctrl+B】进行打散。

3. 补间动画在时间轴面板上的表现

形状补间动画建好后，时间轴的背景色变为淡绿色，在起始帧和结束帧之间有一个长箭头，如图4-5所示。

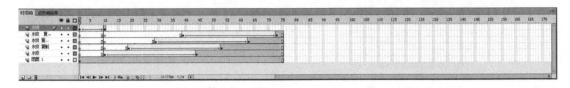

图4-5　形状补间时间轴

4. 形状补间动画的创建方法

在动画开始播放的地方创建或选择一个关键帧，在此关键帧上绘制图形，这是变形的起点。在动画结束处创建或选择一个关键帧，并在此关键帧上设置要变形的形状，右击开始帧，在弹出的快捷菜单中选择"创建补间形状"命令。

提示：

通常情况下，一个图层只针对一个对象设置动画。

项目任务 4-2 一笔画五角星

【案例目的】

通过制作"一笔画五角星"动画,掌握形状补间的创建方法,学习在 Flash 软件中制作线条形状补间动画的方法。

【案例分析】

"一笔画五角星"的动画播放后,可以看到动画中铅笔绘制五角星的轮廓,如图 4-6 所示。本案例通过使用线条工具、矩形工具添加形状补间,完成《一笔画五角星》动画的制作。

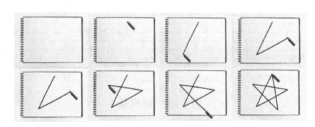

图 4-6 "一笔画五角星"动画效果

【实践操作】

1. 创建背景

01 创建一个新的 Flash 文档,设置舞台大小为 550×400 像素,背景为白色(#ffffff)。

02 将"图层 1"的图层重命名为"背景",执行"文件"→"导入"→"导入到舞台"命令或按快捷键【Ctrl+R】,导入"背景.jpg"图片。使用对齐面板调整背景图片位置,并与舞台大小相匹配,选择第 120 帧,按【F5】键添加普通帧,锁定图层。

2. 制作五角星动画

01 新建图层,命名为"边 1",选择线条工具,将笔触大小设置为 4,颜色黑色(#000000),如图 4-7 所示。选择第 4 帧,按【F6】键添加关键帧,绘制五角星的第一条边。选择第 23 帧,添加关键帧,回到第 4 帧,使用橡皮擦工具擦除线条,使线条只留一点,如图 4-8 所示,创建形状补间动画。

02 参照第一条边的做法，新建"边2""边3""边4""边5"图层，完成五角星其他四条边的动画，并调整图层及帧的位置。

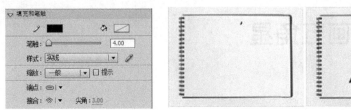

图4-7 填充和笔触面板　　　　图4-8 线条变化

3. 制作铅笔动画

01 新建图层，命名为"铅笔"，选择第4帧，添加关键帧，使用矩形工具绘制铅笔形状，填充颜色为线性渐变。

02 分别在第23、42、61、80帧添加关键帧，调整铅笔的位置，将其放置在五角星的每个顶点，创建形状补间动画，时间轴如图4-9所示。

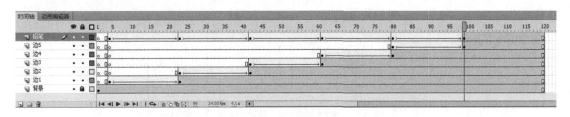

图4-9 时间轴

4. 测试动画

01 按快捷键【Ctrl+S】保存文件，命名为"一笔画五角星.fla"，按【Enter】键可测试动画在时间轴上的播放效果。

02 按快捷键【Ctrl+Enter】打开Flash Player播放影片，观看"一笔画五角星"动画效果。

项目任务 4-3 水珠滴落

【案例目的】

通过制作"水珠滴落"动画，巩固形状补间动画的学习，掌握在 Flash 软件中制作位置、透明度变化的方法。

【案例分析】

"水珠滴落"的动画播放后，可以看到动画中的水珠由上而下滴落后，形成水纹扩散，如图 4-10 所示。本案例通过使用椭圆工具添加形状补间，完成形状补间动画的制作。

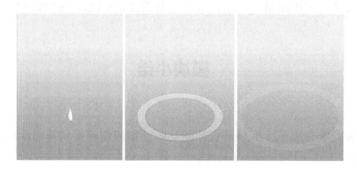

图 4-10 "水珠滴落"动画效果

【实践操作】

1. 创建背景

01 创建一个新的 Flash 文档，设置舞台大小为 300×400 像素，背景为白色（#ffffff）。

02 将"图层1"图层重命名为"背景"，使用矩形工具绘制一个与舞台大小一致的矩形，填充线性渐变色，选择第 75 帧，添加普通帧。

2. 制作水纹动画

01 新建图层，命名为"水纹"，选择第 10 帧，添加关键帧，使用基本椭圆工具绘制圆环，填充颜色为白色，使用快捷键【Ctrl+B】将圆环打散，调整圆环大小，降低透明度。选择第 44 帧，添加关键帧，使用任意变形工具放大圆环，并将圆环透明度设为 0，创建补间形状。

02 选择"水纹"图层,右击选择"复制图层"命令,复制 3 次"水纹图层",调整时间轴中 4 个水纹图层形状补间的位置,形成水波纹错时播放效果。

03 制作水珠动画。新建"水珠"图层,使用椭圆工具绘制水珠,选择第 10 帧,添加关键帧,调整水珠的位置,创建形状补间,完成水珠由上自下滴落的动画,时间轴如图 4-11 所示。

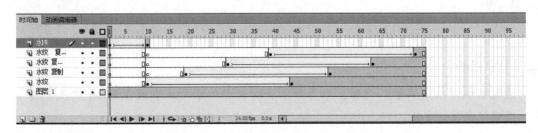

图 4-11 时间轴

按快捷键【Ctrl+S】保存文件,命名为"水珠滴落.fla",按【Enter】键可测试动画在时间轴上的播放效果,按快捷键【Ctrl+Enter】打开 Flash Player 播放影片,观看"水珠滴落"动画效果。

本模块着重为大家介绍了什么是形状补间动画,如何创建形状补间动画,为以后制作复杂的动画打下基础。

1. 微笑表情

人物逐渐露出微笑的表情,如图 4-12 所示。

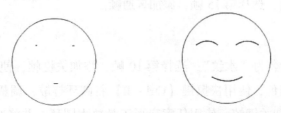

图 4-12 微笑表情

2. 超级变变变

创建形状补间动画,完成形状的多次变化,如图4-13所示。

图4-13 超级变变变

模块 5
元件和动画补间动画

》模块导读
动画补间动画也是 Flash 软件中非常重要的表现手段之一。与形状补间动画不同的是，动画补间动画的对象必须是"元件"实例或"成组"对象。

》学习目标
1. 了解 Flash 中元件的概念。
2. 掌握传统补间动画的制作方法。
3. 学会补间动画的制作方法。

》学习任务
元件的概念。
制作"行驶的汽车"动画。
制作"海底世界"动画。
制作"飘落的树叶"动画。

项目任务 5-1 行驶的汽车

⛵【案例目的】

通过制作"行驶的汽车"动画,了解Flash制作元件的方法,学习在场景中添加元件和传统补间动画的方法。

⛵【案例分析】

"行驶的汽车"动画通过制作背景元件及汽车元件完成素材的构建,如图5-1所示。通过"行驶的汽车"动画,学习创建传统补间动画。

图 5-1 "行驶的汽车"动画效果

⛵【实践操作】

1. 制作 "房子" 图形元件

01 创建一个新的 Flash 文档,设置舞台大小为 550×400 像素,背景为浅蓝色(#ccffff)。

02 执行"插入"→"新建元件"命令,或按快捷键【Ctrl + F8】,新建"房子"图形元件,使用铅笔工具 ✏ 在舞台上绘制楼房轮廓。

03 新建图层2,命名为"窗户",使用铅笔工具 ✏ 绘制窗户。

04 使用颜料桶工具 ⬢,填充#12FF00 - #F9F18B 两种颜色的线性渐变,再使用渐变变形工具 ⬚ 调整填充中心点和填充范围,"房子"元件效果如图5-2所示。

图 5-2 "房子"元件效果

2. 制作"汽车"影片剪辑元件

01 执行"插入"→"新建元件"命令，或按快捷键【Ctrl + F8】，新建"车身"图形元件，使用线条工具和椭圆工具在舞台上绘制车身轮廓。

02 使用颜料桶工具，为车身填充#FF9900颜色，并为车窗填充#D6FFFF颜色。绘制白色矩形，制作车窗光线部分，如图5-3所示。

03 新建图层2，命名为"车轮"。执行"插入"→"新建元件"命令，或按快捷键【Ctrl + F8】，新建"车轮"图形元件，使用线条工具和椭圆工具在舞台上绘制车轮，使用颜料桶工具填充颜色为#000000。

04 执行"插入"→"新建元件"命令或按快捷键【Ctrl + F8】，新建"车轮动"影片剪辑元件，将"车轮"图形元件拖入时间轴，选择第21帧添加关键帧，在关键帧上右击创建"传统补间动画"。选择补间上任意一帧，在属性面板中设置"旋转"为"逆时针"旋转1圈，如图5-4所示。

图 5-3 "车身"元件　　　　图 5-4 属性面板

05 将"车轮动"影片剪辑元件拖入"车轮"图层，根据车身摆放"车轮动"影片剪辑元件的位置。

06 执行"插入"→"新建元件"命令，或按快捷键【Ctrl + F8】，新建"尾气"影片剪辑元件，使用椭圆工具绘制尾气形状，填充颜色为白色（#ffffff），阴影颜色为灰色（#CCCCCC）。选择第30帧添加关键帧，调整尾气的位置和大小，创建"补间形状"。

07 新建图层3，命名为"尾气"。将"尾气动"影片剪辑元件拖入"尾气"图层，"汽车"元件影片剪辑最终效果如图 5-5 所示。

图 5-5 "汽车"元件影片剪辑

3. 创建背景

01 回到"场景1"，将"图层1"图层重命名为"背景"。

02 将"房子"图形元件拖入舞台并调整位置，选择第 70 帧添加关键帧，移动"房子"图形元件，选中关键帧右击，创建传统补间动画，使其从左向右移动。锁定图层。

4. 创建汽车行驶动画

01 新建图层，命名为"汽车"，将"汽车"影片剪辑元件拖入舞台，调整位置。

02 选择第 70 帧添加关键帧，移动"汽车动"影片剪辑元件的位置，选中关键帧右击，创建传统补间动画，使"汽车动"影片剪辑元件从右向左运动，完成汽车行驶的效果，最终时间轴如图 5-6 所示。

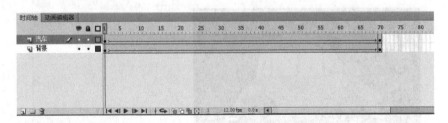

图 5-6 时间轴

5. 测试动画

01 按快捷键【Ctrl+S】保存文件，命名为"行驶的汽车.fla"，按【Enter】键可测试动画在时间轴上的播放效果。

02 按快捷键【Ctrl+Enter】打开 Flash Player 播放影片，观看"行驶的汽车"动画效果。

🚩【相关知识】

1. 元件的概念

元件是指可重复使用的图形、影片剪辑、按钮等，一个元件可产生若干个实例，是 Flash 动画创作中非常重要的一种功能。"一个对象，多次使用"是元件最大的优点，使用元件可以缩小动画的体积。

可以把元件比作演员，存到库面板中，每个演员可以在舞台上扮演多个角色。如图 5-7 所示，"车轮""车轮动"等都是元件。元件名称不能有重复。把汽车放到舞台中，汽车就变成了元件的实例。汽车从一边行驶到另一边，起点和终点的位置不同，实例的位置不同，但都是"汽车"元件的实例，是同一个对象的实例。

图 5-7　库面板

Flash CS6 中主要包含三种元件类型：影片剪辑、按钮和图形。

1) 影片剪辑元件本身可以是一段 Flash 动画，也可以是静态的图形。只有影片剪辑元件能够响应脚本行为，可以拥有独立的时间轴，是主动画的一个重要组成部分。

2) 按钮元件是用来控制动画交互的元件，如"播放""退出"等按钮。

3) 图形元件是静态的，可以反复应用于影片剪辑、按钮或场景动画中。

2. 元件的创建

创建元件一般有两种方法，一是直接创建空白元件，在元件场景中编辑内容；二是将场景中的对象转换成元件。

(1) 直接创建元件

单击"插入"→"新建元件"命令或按快捷键【Ctrl + F8】，就可弹出如图 5-8 所示的"创建新元件"对话框，在"名称"文本框中输入要创建元件的名称，在"类型"下拉列表框中选择要创建的元件类型，单击"确定"按钮，就进入了元件编辑窗口，即可进行输入文本或绘制图形等操作。元件做好之后，单击场景图标回到动画的主场景中，创建好的元件会出现在库面板中，可以任意多次拖入到舞台的任意位置进行使用。

图 5-8　"创建新元件"对话框

(2) 将对象转换成元件

在场景中选中要转换为元件的对象并右击，在弹出的快捷菜单中选中"转换为元件"

命令或者按【F8】键,弹出"转换为元件"对话框,如图5-9所示。

图5-9 "转换为元件"对话框

选择好名字和类型,单击"确定"按钮,这时在库面板中会出现转换好的元件名,而选中的舞台上的对象会变成该元件的一个实例。

小提示:"转换为元件"对话框和"创建新元件"对话框的内容基本相同,只是"转换为元件"对话框多了一个"对齐"功能,是用来确定元件在舞台中的坐标是以元件的哪个点为准的。在"对齐"选项中有9个小方块,每个小方块都代表元件上的一个点,默认情况下,以左上角为对齐点,也就是元件注册点的位置为准。

在Flash CS6中,库面板中的文件除了Flash影片的3种元件类型外,还包括其他素材文件,如一个复杂的Flash影片中会用到一些位图、声音、视频、文字等素材文件,每种元件将被作为独立的对象存储在元件库中。

执行"窗口"→"库"命令或按快捷键【Ctrl+L】,可以打开库面板。

单击"新建元件"按钮 ,可以创建新元件。

单击"新建文件夹"按钮 ,可以在库中建立文件夹,将同一类型的元件放在一起。

单击"属性"按钮 ,可以进行元件属性的编辑。

单击"删除"按钮 ,可以删除库中的元件。

项目任务 5-2 海底世界

【案例目的】

通过制作"海底世界"动画,了解 Flash 中图片转换元件的方法,学习在场景中创建传统补间动画的方法。

【案例分析】

"海底世界"动画通过导入素材、创建元件来完成鱼在海底游动的效果,如图 5-10 所示。通过"海底世界"动画,学习创建传统补间动画。

图 5-10 "海底世界"动画效果

【实践操作】

1. 创建背景

01 创建一个新的 Flash 文档,设置舞台大小为 650×410 像素,背景为白色(#ffffff)。

02 执行"文件"→"导入"→"导入到库"命令,将"背景.jpg"以及"鱼1.png"~"鱼4.png"导入到库。

03 将"图层 1"的图层重命名为"背景",从库面板中将图片"背景.jpg"拖入舞台,使用对齐面板调整图片的大小和位置,选择第 255 帧添加普通帧,锁定图层。

2. 制作鱼游动效果

01 新建图层,命名为"鱼1",将"鱼1.png"图片拖入舞台,调整图片大小,选中图片并按【F8】键,将图片转换成元件,命名为"鱼1",如图 5-11 所示。选择第 177 帧,移动元件位置,右击关键帧,选择"创建传统补间",实现鱼从右向左游动的效果。

02 新建图层，命名为"鱼2"，执行"插入"→"新建元件"命令或按快捷键【Ctrl + F8】，新建"鱼2"图形元件，如图5-12所示。将图片素材"鱼2.png"拖放到舞台上，调整图片素材的大小。回到场景1，选择"鱼2"图层的第70帧，添加关键帧，并将"鱼2"图形元件拖放至舞台，调整元件位置。选择第255帧添加关键帧，移动"鱼2"图形元件的位置，创建传统补间动画。

 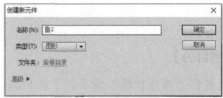

图5-11 "转换为元件"对话框　　　图5-12 "创建新元件"对话框

03 新建"鱼3""鱼4"图层，分别将图片素材"鱼3.png""鱼4.png"转换成元件放置到图层上，创建传统补间动画，实现鱼游动的效果，时间轴如图5-13所示。

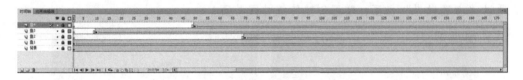

图5-13 时间轴

3. 测试动画

按快捷键【Ctrl + S】保存文件，命名为"海底世界.fla"，按【Enter】键可测试动画在时间轴上的播放效果。

按快捷键【Ctrl + Enter】打开Flash Player播放影片，观看"海底世界"动画效果。

【相关知识】

1. 传统补间动画的概念

在Flash的时间轴上，在一个关键帧放置一个元件，然后在另一个关键帧改变这个元件的大小、颜色、位置、透明度等，Flash根据二者之间帧的值所创建的动画称为传统补间动画。

2. 构成传统补间动画的元素

构成传统补间动画的元素是元件，包括影片剪辑、图形元件、按钮等，除了元件，其他元素（包括文本）都不能创建补间动画，其他的位图、文本等都必须转换成元件，只有把形状"组合"或者转换成"元件"后才可以创建传统补间动画。

在两个关键帧中的元素必须是"元件"的实例或者"成组的对象"，一定不能是分离的形状。如果是"元件"的实例，则必须是同一个元件的实例。

当关键帧上的对象是文本、位图、群组等整体对象时，也能创建动画补间，但 Flash 会自动将它们转换为元件，并命名为"动画补间 1""动画补间 2"等。

小提示：

为了以后的编辑修改和动画的正常运行，动画补间的关键帧中最好都是元件的实例。

3．传统补间动画在时间轴上的表现

传统补间动画建立后，时间轴的背景色变为淡紫色，在起始帧和结束帧之间有一个长长的箭头，如图 5 – 14 所示。

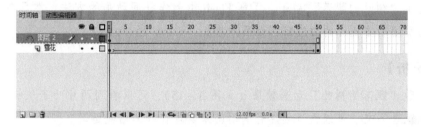

图 5 – 14 传统补间动画时间轴

4．创建传统补间动画的方法

创建或选择一个关键帧，并放置元件的实例，一帧中只能放一个对象，在动画结束的地方创建或选择一个关键帧，并设置该元件的属性。选中起始帧并右击，在弹出的快捷菜单中选择"创建传统补间"命令。

项目任务 5-3 飘落的树叶

【案例目的】

通过制作"树叶的飘落"动画,了解 Flash 中制作补间动画的方法,学习在 Flash 软件中使用补间动画制作树叶的曲线飘落动画效果。

【案例分析】

通过观看"飘落的树叶"动画效果(见图 5-15),可以看到两片叶子从树上以曲线的形式自然地飘落下来。可以通过创建补间动画来实现树叶的曲线运动。

图 5-15 "飘落的树叶"动画效果

【实践操作】

1. 创建背景

01 创建一个新的 Flash 文档,设置舞台大小为 490×553 像素,背景为黑色(#000000)。

02 将"图层1"的图层重命名为"背景",执行"文件"→"导入"→"导入到舞台"命令或按快捷键【Ctrl+R】,将"背景.png"图片素材导入到舞台,调整图片位置。

2. 制作树叶元件

01 新建"树叶1"图层,使用线条工具 ╲ 绘制树叶轮廓,使用颜料桶工具 填充颜色为#F17301。选中树叶,将笔触颜色设为空。

02 按快捷键【F8】将树叶转换成元件，参照"树叶1"图形元件，制作完成"树叶2"图形元件，如图5-16所示。

3. 制作树叶飘落动画

01 新建图层，命名为"树叶飘落1"，将"树叶"图形元件拖入舞台，调整位置，选择第111帧添加普通帧。

02 选择"树叶飘落1"图层中的普通帧，右击鼠标，选择"创建补间动画"，单击第40帧，拖动"树叶1"图形元件的位置；选择第75帧，拖动"树叶1"图形元件的位置；单击第111帧，拖动"树叶1"图形元件的位置，使用转换锚点工具 调整路径的顶角使其平滑，如图5-17所示。

03 新建图层，命名为"树叶飘落2"，选择第60帧，将"树叶2"图形元件拖入舞台并摆放好位置。选择第202帧添加普通帧。

04 选择"树叶飘落2"图层中的普通帧，右击鼠标，选择"创建补间动画"，单击第111帧，调整位置；选择第154帧，调整位置；选择第200帧调整元件的位置，使用转换锚点工具 调整路径的顶角使其平滑，如图5-18所示。

图5-16　"树叶"元件　　　图5-17　"树叶飘落1"路径　　　图5-18　"树叶飘落2"路径

4. 测试动画

01 按快捷键【Ctrl+S】保存文件，命名为"树叶飘落.fla"，按【Enter】键可测试动画在时间轴上的播放效果。

02 按快捷键【Ctrl+Enter】打开Flash Player播放影片，观看"树叶飘落"动画效果，时间轴如图5-19所示。

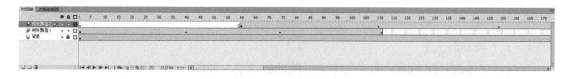

图5-19　时间轴

【相关知识】

关于"创建补间动画"和"创建传统补间"

在帧的快捷菜单中，除了看到"创建补间形状""创建传统补间"命令，还可以看到"创建补间动画"命令。它们的功能各不相同：

- "创建传统补间"是在同一时间轴上的不同时间点，在两个关键帧之间创建补间，也就是定头、定尾、做动画。
- "创建补间动画"是在舞台上拖入一个元件实例，不需要在时间轴的其他地方再放关键帧，直接在该图层上选择"创建补间动画"命令，时间轴会变成浅蓝色，然后，只需要先在时间轴上选择需要加关键帧的地方，再直接拖动舞台上的元件实例，就自动形成一个补间动画。该补间动画的路径可以直接显示在舞台上，并且是有调动手柄可以调整的，如图5-20所示。

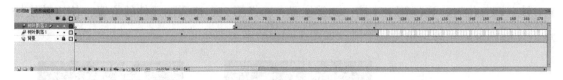

图5-20 创建补间动画时间轴

如果只需要在一段时间轴上使用创建补间动画，则需要在结束帧的后面一帧处事先加上关键帧，截取补间动画。

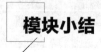

本模块介绍了动画补间动画以及操作方法。

动画补间动画是Flash动画制作中最常见的动画形式，它的特点是以元件为对象，便于修改。无论是图片还是文字，都可以制作成元件。

1. 上下跳动的文字

通过创建传统补间动画，实现文字上下跳动的效果，如图5-21所示。

图 5-21　上下跳动的文字

2. 星星闪烁效果

通过制作影片剪辑元件，实现星星闪烁动画效果，如图 5-22 所示。

图 5-22　星星闪烁效果

模块 6

遮罩层动画

▶ 模块导读

遮罩动画是 Flash 中非常重要的动画形式。遮罩层中的内容决定着被遮罩层显示的范围,在 Flash 作品中,常常看到很多眩目神奇的效果,其中很多就是用最简单的"遮罩"完成的。

本模块主要介绍遮罩层动画的原理,介绍创建遮罩层动画的方法,并根据需要进行编辑。

▶ 学习目标

1. 了解 Flash 中遮罩层动画的概念。
2. 掌握遮罩层动画的创建方法。
3. 学会遮罩层动画的编辑方法。

▶ 学习任务

制作"旋转的地球"动画。
制作"卷轴画"动画。
制作"水纹波动"动画。

项目任务 6-1 旋转的地球

🚢【案例目的】

通过制作"旋转的地球"动画,了解 Flash 中制作遮罩层动画的方法,学习在 Flash 软件中使用遮罩效果制作地球旋转的动画效果。

🚢【案例分析】

在"旋转的地球"动画中,通过制作地球旋转效果创建遮罩动画,完成遮罩层动画的创建,如图 6-1 所示。

图 6-1 "旋转的地球"动画效果

🚢【实践操作】

1. 创建背景动画

创建一个新的 Flash 文档,设置舞台大小为 600×450 像素,背景为白色(#000000)。

将"图层1"重命名为"背景",执行"文件"→"导入"→"导入到舞台"命令,或按快捷键【Ctrl+R】将素材图片"背景.jpg"导入到舞台,使用对齐面板将图片与舞台对齐。

选中图片,按【F8】键将图片转换成图形元件,命名为"背景"。选择第 160 帧添加关键帧,使用任意变形工具 将图片放大,创建传统补间,实现背景逐渐放大的效果。

2. 绘制地球

新建图层,命名为"地球底色",使用椭圆工具 ,按住【Shift】键绘制正圆。使用颜料桶工具 填充径向渐变色#A7BAF3-#28399C,使用渐变变形工具 调整渐变范围，如图 6-2 所示。

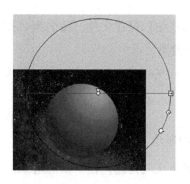

图 6-2 "地球底色"渐变色效果

3. 创建地球旋转动画

执行"文件"→"导入"→"导入到库"命令，将"地图.jpg"图片导入到库。执行"插入"→"新建元件"命令，或按快捷键【Ctrl+F8】新建图形元件，命名为"地图"。

将"地图.jpg"拖入舞台，复制一次，将两张地图并列摆好，如图 6-3 所示。

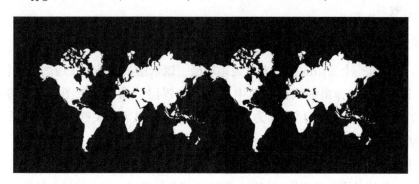

图 6-3 "地图"元件

新建图层，命名为"地图"。将"地图"图形元件拖入舞台，使用选择工具 调整位置，选择第 160 帧添加关键帧，向左移动"地图"图形元件，创建传统补间，实现地图从右向左移动的效果。

新建图层，命名为"遮罩"。使用椭圆工具 绘制一个与"地球底色"相同大小的圆，使两个圆相重合，选中"遮罩"图层并右击鼠标，将"遮罩"图层创建为遮罩层，时间轴如图 6-4 所示。

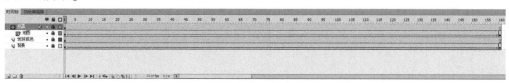

图 6-4 时间轴

4. 测试动画

按快捷键【Ctrl+S】保存文件，命名为"旋转的地球.fla"，按【Enter】键可测试动画在时间轴上的播放效果。

按快捷键【Ctrl+Enter】打开 Flash Player 播放影片，观看"旋转的地球"动画效果。

【相关知识】

1. 遮罩动画的概念

"遮罩"，顾名思义就是遮挡住下面的对象。

在 Flash 中，"遮罩动画"是通过"遮罩层"来达到有选择地显示位于其下方的"被遮罩层中的内容的目的。在一个遮罩动画中，"遮罩层"只有一个，"被遮罩层"可以有多个。

2. 遮罩的作用

在 Flash 动画中，"遮罩"主要有两种用途：一个是用在整个场景或一个特定区域，使场景外的对象或特定区域外的对象不可见；另一个是用来遮罩住某一元件的一部分，从而实现一些特殊的效果。

3. 创建遮罩的方法

在 Flash 中没有一个专门的按钮来创建遮罩层，遮罩层其实是由普通图层转化而来的。

在图层上右击，在弹出的快捷菜单中选择"遮罩层"命令，该图层就会变成遮罩层，系统会自动把遮罩层下面的一层关联为"被遮罩层"。如果需要关联更多被遮罩层，需要把这些层拖到遮罩层下面。

遮罩层中的图形对象在播放时是看不到的，遮罩层中的内容可以是按钮、影片剪辑、图形、位图、文字等，但线条不能做遮罩，如果一定要用线条做遮罩，可以将线条转换为"填充"。

项目任务 6-2 卷轴画

【案例目的】

通过制作"卷轴画"动画,了解 Flash 中制作遮罩层动画的方法,学习在 Flash 软件中使用遮罩效果制作特殊的动画效果。

【案例分析】

在"卷轴画"动画中,通过制作卷轴效果创建遮罩动画,完成遮罩层动画的创建,如图 6-5 所示。

图 6-5 "卷轴画"动画效果

【实践操作】

1. 创建背景

01 创建一个新的 Flash 文档,设置舞台大小为 1000×530 像素,背景为灰色(#999999)。

02 将"图层 1"重命名为"背景",使用快捷键【Ctrl + R】将素材图片"背景.jpg"导入到舞台,使用任意变形工具调整图片大小,选择第 606 帧添加普通帧,锁定图层。

2. 创建"画轴"图形元件

01 使用快捷键【Ctrl + F8】创建"画轴"图形元件,执行"文件"→"导入"→"导入到库"命令,将素材"图片 1.jpg"导入到"库"中。

02 使用矩形工具绘制矩形,使用颜料桶工具填充线性渐变色#000000 - #959595 - #000000,如图 6-6 所示。

03 新建图层 2，使用矩形工具▢绘制矩形，使用颜料桶工具◇填充线性渐变色#80795B – #5B411C – #DDDDDD – #777344，如图 6 – 7 所示。

04 新建图层 3，将"图片 1.jpg"拖入舞台，使用任意变形工具▦调整位置和大小。

 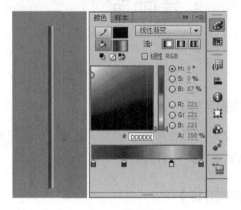

图 6 – 6　"图层 1"矩形效果　　　　　图 6 – 7　"图层 2"矩形效果

05 回到"场景 1"，新建图层重命名为"遮罩"，使用矩形工具▢绘制矩形。选择第 429 帧添加关键帧，使用任意变形工具▦调整矩形大小，使矩形将背景图片完全覆盖，如图 6 – 8 所示，右击创建形状补间动画。

 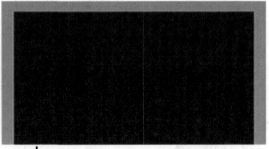

图 6 – 8　矩形效果

06 选择"遮罩"图层，右击鼠标，选择"遮罩层"命令，将"遮罩"图层设置为遮罩层，时间轴如图 6 – 9 所示。

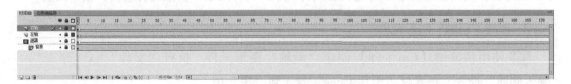

图 6 – 9　时间轴

3. 创建画轴动画

01 新建图层3，重命名为"左轴"，将"画轴"图形元件拖入舞台，使用选择工具调整位置。

02 选择第429帧添加关键帧，移动"画轴"图形元件的位置，创建传统补间动画，使其跟随"遮罩"层中矩形边缘同步运动。新建图层4，重命名为"右轴"，参照"左轴"完成"右轴"的动画效果。

4. 测试动画

01 按快捷键【Ctrl+S】保存文件，命名为"卷轴画.fla"，按【Enter】键可测试动画在时间轴上的播放效果。

02 按快捷键【Ctrl+Enter】打开Flash Player播放影片，观看"卷轴画"动画效果。

项目任务 6-3 水纹波动

【案例目的】

通过制作"水纹波动"动画,了解 Flash 中制作遮罩层动画的方法,学习在 Flash 软件中使用遮罩效果使静态的水面呈现水纹波动的效果。

【案例分析】

在"水纹波动"动画中,通过制作水纹效果创建遮罩动画,使用遮罩层动画完成水面波动的效果,如图 6-10 所示。

图 6-10 "水纹波动"动画效果

【实践操作】

1. 创建背景

01 创建一个新的 Flash 文档,设置舞台大小为 560×511 像素,背景为黑色(#000000)。

02 将图层 1 重命名为"背景",执行"文件"→"导入"→"导入到舞台"命令,或按快捷键【Ctrl+R】将"背景.jpg"图片导入到舞台。使用对齐面板将图片与舞台对齐,并与舞台大小相匹配。

2. 制作倒影

01 选中背景图片，按快捷键【Ctrl + B】将图片打散，使用套索工具将图片中的倒影部分套取出来，如图6-11所示。按快捷键【Ctrl + C】复制套取的倒影部分。

02 新建图层，命名为"倒影"，按快捷键【Ctrl + Shift + V】将倒影部分原位粘贴到"倒影"图层中，使用方向键移动倒影的位置。

图6-11 用"套索工具"套取倒影

图6-12 绘制矩形条

3. 制作水纹遮罩

01 执行"插入"→"新建元件"命令或按快捷键【Ctrl + F8】新建"遮罩"影片剪辑元件，使用矩形工具绘制细长矩形条，按住【Alt】键，使用选择工具拖动，连续复制多个矩形条，如图6-12所示。

02 选择第80帧和第160帧分别添加关键帧，选择第80帧，向下整体移动矩形条的位置，创建形状补间，实现矩形条上下移动的效果。

03 回到"场景1"，新建"遮罩"图层，将"遮罩"影片剪辑元件拖放至舞台，使其完全覆盖倒影。选择"遮罩"图层，右击鼠标将"遮罩"图层设置为遮罩层，时间轴如图6-13所示。

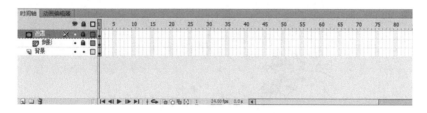

图6-13 时间轴

4. 测试动画

01 按快捷键【Ctrl + S】保存文件，命名为"水纹波动.fla"，按【Enter】键可测试动画在时间轴上的播放效果。

02 按快捷键【Ctrl + Enter】打开Flash Player播放影片，观看"水纹波动"动画效果。

模块小结

本模块主要讲解遮罩层动画的创建与编辑方法,主要介绍了利用遮罩层制作遮罩层动画的方法和技巧,进一步提高了大家制作 Flash 动画的能力。

练一练

1. 望远镜效果

模拟使用望远镜观看远处风景的效果,如图 6-14 所示。

图 6-14 望远镜效果

2. 诗词欣赏

制作动画使一首诗逐渐显示出来,如图 6-15 所示。

图 6-15 诗词欣赏

模块 7
引导层动画

▶ 模块导读

在 Flash 动画中,单纯依靠设置关键帧无法实现一些复杂的动画效果,而许多物体的运动是不规则的,可以使用创建引导层动画来实现动画的不规则运动。

本模块主要讲解引导层动画的概念,介绍引导层动画的创建方法,并根据需要进行编辑。

▶ 学习目标

1. 了解 Flash 中引导层的概念。
2. 掌握引导层动画的制作方法。
3. 学会引导层的编辑方法。

▶ 学习任务

制作"汽车行驶"动画。
制作"跳动的音符"动画。
制作"大雪纷飞"动画。

项目任务 7-1 汽车行驶

【案例目的】

通过制作"汽车行驶"动画，了解 Flash 中制作引导线动画的方法，学习在 Flash 软件中使用引导线制作汽车行驶 U 形路线的动画效果。

【案例分析】

通过观看"汽车行驶"动画效果，可以看到汽车行驶在 U 形的轨道上，可以通过绘制引导线来实现汽车的曲线运动，如图 7-1 所示。

图 7-1 "汽车行驶"动画效果

【实践操作】

1. 创建背景

01 创建一个新的 Flash 文档，设置舞台大小为 500×500 像素，背景为白色（#ffffff）。

02 将"图层 1"重命名为"背景"，执行"文件"→"导入"→"导入到库"命令，将素材"01.png""汽车.png"导入到库。将图片"01.png"拖入舞台，使用对齐面板（图 7-2）使图片垂直、水平对齐，并与舞台大小相匹配。选择第 100 帧添加普通帧，锁定图层。

2. 绘制引导线

新建"引导线"图层，使用椭圆工具 ◯ 和线条工具 ＼ 绘制引导线，参照背景图片中 U 形图片绘制路径形状，如图 7-3 所示。

图7-2 对齐面板　　　　图7-3 引导线形状

3. 制作汽车行驶动画

01 新建图层，命名为"汽车"，将"汽车.png"素材拖入舞台，按【F8】键将图片转换为"汽车"图形元件。

02 将"汽车"图层中的"汽车"图层元件中心点贴紧到引导线的顶端，调整车头方向，使车头方向与行驶方向一致；选择第100帧添加关键帧，将"汽车"元件的中心点贴紧至引导线的末端，调整车头方向，使车头方向与行驶方向一致，如图7-4所示，选择普通帧，右击创建传统补间动画。

图7-4 "汽车"元件位置摆放

03 选中"引导线"图层，右击鼠标选择"引导层"命令，将图层设置为引导层。选中"汽车"图层，并将其拖放到"引导线"图层下，成为被引导层，时间轴如图7-5所示。

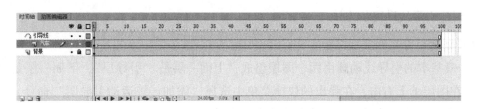

图7-5 时间轴

04 单击补间上任意一帧，在属性面板中设置补间，勾选"调整到路径"选项，如图7-6所示。

图 7-6 属性面板补间设置

4. 测试动画

01 按快捷键【Ctrl+S】保存文件,命名为"汽车行驶.fla",按【Enter】键可测试动画在时间轴上的播放效果。

02 按快捷键【Ctrl+Enter】打开 Flash Player 播放影片,观看"汽车行驶"动画效果。

【相关知识】

1. 引导线动画的概念

将一个或多个层链接到一个运动引导层,使一个或多个对象沿同一条路径运动的动画形式,称为引导线动画。这种动画可以使一个或多个元件完成曲线或不规则运动。

2. 引导线动画的特点

一个引导路径动画由"引导层"和"被引导层"组成,一个"引导层"可以引导多个"被引导层"中的对象,而一个"被引导层"只能有一个"引导层"。

3. 引导图层

引导层也叫引导图层。引导图层分为两种:一种是移动引导图层 ,其作用是引导与它相关联图层中的对象,沿移动引导图层中的轨迹运动;另一种是普通引导图层 ,其为绘制图形定位,引导图层中绘制的运动轨迹只能在舞台工作区内被看到,在最终生成的动画中不出现。

4. 创建引导线动画的方法

(1) 创建引导层和被引导层

一个最基本的引导线动画由两个图层组成,上面一层是"引导层",下面一层是"被引导层"。在图层1上右击,在弹出的快捷菜单中选择"添加传统运动引导层"命令,这时图层1会自动变成被引导层,并在其上自动产生引导层。

如果事先已经建好两个普通图层,图层2是动画层,图层1是引导线,则可以设置引导线动画,操作步骤如下:

1) 右击图层1,在弹出的快捷菜单中选择"引导层"命令,把当前层的属性设置为引导层。但引导层的前面变成了![图标],不再是![图标]。这说明引导层找不到引导的对象,不确定引导哪个层。

2)将图层1向右拖动,使得图层2向右缩进,变成引导层的引导对象,这样图层1就变成图层2的引导层,创建了引导线动画,如图7-7所示。

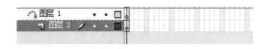

图7-7 引导线动画

(2)引导层和被引导层中的对象

引导层是用来指示元件运行路径的,是运动的轨迹,所以"引导层"中的内容可以是用钢笔、铅笔、线条、椭圆工具、矩形工具或画笔工具等绘制出的线条。

"被引导层"中的对象是跟着引导线运动的,最常用的动画形式是传统补间动画,因此被引导层中的对象往往是元件的实例。当播放动画时,一个或数个元件将沿着运动路径移动。

(3)向被引导层中添加元件

引导线动画最基本的操作就是使一个运动动画附着在引导线上。所以操作时特别得注意引导线的两端,被引导的对象起始、终点的两个"中心点"一定要对准引导线的两个端点。

小提示:

"被引导层"中的对象在被引导运动时,如果选择"调整到路径"复选框,运动对象在沿着路径运动的同时还能自动转向,始终使自身的某一方向对准路径。例如,汽车转弯时车头会转向,就要选中"调整到路径"复选框。

项目任务 7-2 跳动的音符

【案例目的】

通过制作"跳动的音符"动画,学习 Flash 中制作引导线动画的方法,通过制作案例学习 Flash 软件中综合运用引导线创建动画的方法。

【案例分析】

通过观看"跳动的音符"动画效果(图 7-8),可以看到音符从左向右以曲线的形式自然地飘过舞台,通过引导线来实现音符的曲线运动。

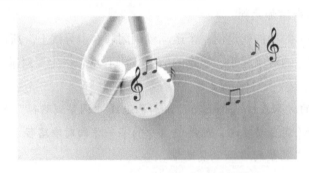

图 7-8 "跳动的音符"动画效果

【实践操作】

1. 创建背景

01 创建一个新的 Flash 文档,设置舞台大小为 600×300 像素,背景为红色(#990000)。

02 将"图层 1"重命名为"背景",执行"文件"→"导入"→"导入到舞台"命令,或按快捷键【Ctrl + R】将"背景.jpg"图片素材导入到舞台,调整图片位置,锁定图层。

2. 创建"曲线滑动"影片剪辑元件

01 执行"文件"→"导入"→"导入到舞台"命令,将图片素材"音符曲线"导入到库面板中。

02 执行"插入"→"新建元件"命令,或按快捷键【Ctrl + F8】新建"曲线"图形元件,将素材图片"音符曲线"拖放到"曲线"图形元件中。

03 执行"插入"→"新建元件"命令,或按快捷键【Ctrl + F8】新建"曲线滑动"影片剪辑元件,将"曲线"图形元件放到舞台中,调整位置。选择第160帧,向左水平移动"曲线"图形元件的位置。右击创建传统补间动画,实现"曲线"图形元件从右向左移动,如图7-9所示。

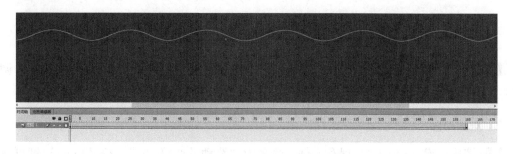

图7-9 "曲线滑动"影片剪辑元件

3. 创建跳动音符影片剪辑

01 执行"插入"→"新建元件"命令,或按快捷键【Ctrl + F8】新建"音符1"图形元件,使用矩形工具▢和椭圆工具○绘制音符。分别创建"音符2""音符3""音符4"图形元件,使用钢笔工具◊、矩形工具▢和椭圆工具○绘制相应的音符,如图7-10所示。

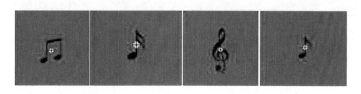

图7-10 "音符1"~"音符4"图形元件

02 执行"插入"→"新建元件"命令,或按快捷键【Ctrl + F8】新建"跳动音符1"影片剪辑元件,选择"图层1",右击鼠标,选择"添加传统运动引导层"命令。使用钢笔工具◊绘制引导线,选择被引导层,将"音符1"图形元件拖至舞台,将中心点贴到引导线的起始位置,选择第160帧添加关键帧,将"音符1"图形元件拖动到引导线结束位置,中心点贴紧引导线末端,创建传统补间动画。

03 参照"跳动音符1"影片剪辑元件的制作方法,完成"跳动音符2""跳动音符3""跳动音符4"影片剪辑元件的制作。

4. 制作"跳动的音符"动画

01 回到"场景1"新建图层,命名为"曲线"。使用选择工具▶将"曲线滑动"影片剪辑元件拖放到舞台,调整位置。按住【Alt】键拖动复制"曲线滑动"影片剪辑元件,调整位置,如图7-11所示。

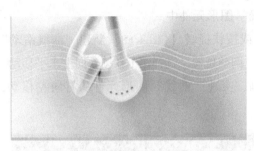 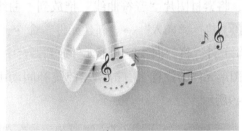

图 7-11　"曲线滑动"影片剪辑元件摆列　　　图 7-12　"跳动音符"元件摆列

02 新建图层，命名为"音符"。将"跳动音符"影片剪辑元件依次拖放至舞台，调整位置，如图 7-12 所示。

5. 测试动画

01 按快捷键【Ctrl+S】保存文件，命名为"跳动的音符.fla"，按【Enter】键可测试动画在时间轴上的播放效果。

02 按快捷键【Ctrl+Enter】打开 Flash Player 播放影片，观看"跳动的音符"动画效果，时间轴如图 7-13 所示。

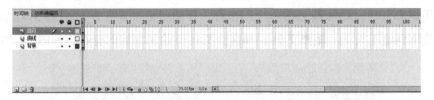

图 7-13　时间轴

项目任务 7-3 大雪纷飞

【案例目的】

通过制作"大雪纷飞"动画,学习 Flash 中制作引导线动画的综合运用,通过制作案例提高 Flash 软件工具的综合应用能力。

【案例分析】

通过观看"大雪纷飞"动画效果,可以看到雪花自上向下以曲线的形式自由地飘落下来,通过绘制引导线来实现雪花的飘落效果,如图 7-14 所示。

图 7-14 "大雪纷飞"动画效果

【实践操作】

1. 创建背景

01 创建一个新的 Flash 文档,设置舞台大小为 780×477 像素,背景为黑色(#000000)。

02 将"图层 1"重命名为"背景",执行"文件"→"导入"→"导入到舞台"命令,或按快捷键【Ctrl+R】将"背景.jpg"图片素材导入到舞台,调整图片位置,锁定图层。

2. 创建"下雪"影片剪辑元件

01 执行"插入"→"新建元件"命令,或按快捷键【Ctrl+F8】新建"雪花"图形元件,使用线条工具 \ 绘制雪花,如图 7-15 所示。

图 7-15 雪花

02 执行"插入"→"新建元件"命令，或按快捷键【Ctrl + F8】新建"下雪"影片剪辑元件，选择"图层1"，右击鼠标，选择"添加传统运动引导层"。

03 选择"图层2"，使用铅笔工具 ✏️ 自上而下绘制一条平滑的曲线，选择第50帧添加普通帧。

04 选择"图层1"，将"雪花"图形元件拖入舞台，调整位置，使中心点贴紧曲线的顶端。

05 选择第50帧添加关键帧，调整"雪花"图形元件的位置，使其中心点贴紧曲线的末端位置，右击关键帧创建传统补间动画，时间轴如图7-16所示。

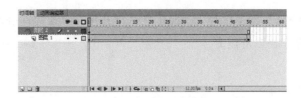

图7-16 时间轴

3. 制作"大雪纷飞"动画

01 回到"场景1"，新建图层，命名为"下雪"，连续拖动"下雪"影片剪辑元件，分散放置到舞台上。

02 为使雪花飘落方向不一致，选择舞台上的一个"下雪"影片剪辑元件，执行"修改"→"变形"→"水平翻转"命令，将"下雪"影片剪辑元件水平翻转，按住【Alt】键拖动连续复制，分散到舞台上，如图7-17所示。

图7-17 "下雪"影片剪辑舞台分布

4. 测试动画

01 按快捷键【Ctrl + S】保存文件，命名为"大雪纷飞.fla"，按【Enter】键可测试动画在时间轴上的播放效果。

02 按快捷键【Ctrl + Enter】打开Flash Player播放影片，观看"大雪纷飞"动画效果。

【相关知识】

模块小结

本模块主要介绍了引导线动画的相关知识,并且讲解了引导线动画的制作方法和使用技巧,为大家以后学习制作轨迹动画奠定了基础。

练一练

1. 文字出现效果

根据效果,使用引线层动画制作文字出现效果动画,如图 7-18 所示。

图 7-18 文字出现效果

2. 汽车沿路线行驶

利用引导线动画制作出汽车沿椭圆形路线行驶的效果,如图 7-19 所示。

图 7-19 汽车沿路线行驶

模块 8

声音和视频动画

🔸 模块导读

在 Flash 动画中运用声音、视频等元素，可以对 Flash 本身起到很大的烘托作用，使得 Flash 动画效果更加丰富、更具感染力。

本模块主要介绍声音和视频文件的类型、导入声音和视频的方法，并根据需要进行编辑。

🔸 学习目标

1. 了解 Flash 支持的音频和视频文件格式。
2. 掌握音频和视频文件的导入方法。
3. 学会声音的编辑方法。

🔸 学习任务

制作"小小读书郎"动画。
制作"头脑风暴大挑战"动画。
制作"电视—儿歌《Ten Little Indians》"动画。

项目任务 8-1　小小读书郎

【案例目的】

通过制作"小小读书郎"动画,了解 Flash 支持的声音文件格式,学习在场景中添加声音和编辑声音的方法。

【案例分析】

在"小小读书郎"动画中,运用图形、影片剪辑元件搭建场景,添加三字经朗读音频,音频需配合动画,如图 8-1 所示。

图 8-1　"小小读书郎"效果图

【实践操作】

1. 制作"房间"图形元件

01 创建一个新的 Flash 文档,设置舞台大小为 800×630 像素,背景为黑色(#000000)。

02 执行"插入"→"新建元件"命令,或按快捷键【Ctrl+F8】,新建"房间"图形元件,使用矩形工具▢在舞台中央绘制正面墙,使用颜料桶工具填充颜色为#AFA08B。

03 新建图层 2,使用矩形工具▢绘制两侧墙壁,使用颜料桶工具填充颜色为#978568,利用选择工具▶调整矩形顶点位置,使两侧墙壁变为梯形,如图 8-2 所示。

04 新建图层 3,使用矩形工具▢绘制地面,使用颜料桶工具填充#A5B5A8 - #50533E

两种颜色的线性渐变，再使用渐变变形工具调整填充中心点和填充范围。利用选择工具调整矩形顶点位置，将形状改为梯形并保证两边线条与两侧墙壁重合，如图8-3所示。

05 新建图层4，使用矩形工具绘制屋顶，使用颜料桶工具填充颜色为#746C57，利用选择工具调整矩形顶点位置，将其形状改为梯形并保证两边线条与两侧墙壁重合，如图8-4所示。

图8-2 房间图1

图8-3 房间图2

图8-4 房间图3

06 新建图层5，使用矩形工具绘制屋顶房梁，利用选择工具调整矩形顶点位置，使用颜料桶工具分别填充颜色为#B6A97D、#725A38、#594127、#966F4E和#493C29，实现房梁正面和侧面效果，如图8-5所示。房间元件效果图如图8-6所示。

图8-5 房梁效果图　　　　图8-6 房间元件效果图

2. 制作"窗户"图形元件

01 执行"插入"→"新建元件"命令，或按快捷键【Ctrl+F8】，新建"窗户"图形元件，使用矩形工具在舞台中央绘制四根横向窗框，并使用选择工具调整四根横向窗框的角度，实现纵深效果，使用颜料桶工具填充颜色为#524938，其中下窗框颜色为#7C765C，再使用颜料桶工具填充空白处颜色为#3B4F8C，如图8-7所示。

02 新建图层2，使用矩形工具绘制窗帘，使用颜料桶工具填充深蓝色—蓝色—深蓝色—蓝色（#2C445C-#3A577A-#2C445C-#3A577A）的线性渐变，再使用渐变变形工具调整填充中心点和填充范围。利用选择工具调整矩形顶点位置，将形状改为梯形并保证窗帘与窗框保持一致，如图8-8所示。

 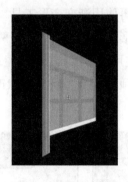

图8-7 窗框效果图　　图8-8 窗帘效果图

3. 制作"书画"图形元件

01 执行"插入"→"新建元件"命令,或按快捷键【Ctrl+F8】,新建"书画"图形元件,使用矩形工具在舞台中央绘制画布,使用颜料桶工具填充颜色为#669966。

02 新建图层2,选中画布,按快捷键【Ctrl+C】复制,在图层2中按快捷键【Ctrl+Shift+V】原位粘贴,使用颜料桶工具将其填充颜色改为白色(#FFFFFF),按快捷键【Ctrl+T】调出变形面板,将宽度、高度均调整为75%。

03 使用文本工具 T 在舞台中央添加文字"温故知新",字体为"华文行楷",字号为66,颜色为白色(#FFFFFF),执行"修改"→"分离"命令,或按快捷键【Ctrl+B】两次,打散文字,如图8-9所示。

图8-9 书画效果图

4. 制作"油灯"影片剪辑元件

01 执行"插入"→"新建元件"命令,或按快捷键【Ctrl+F8】,新建"油灯"影片剪辑元件,使用椭圆工具、矩形工具绘制油灯外部线条,颜色为#A07613,笔触大小为1,如图8-10所示。

02 使用颜料桶工具为油灯填充颜色,其中油灯内部填充径向渐变色#987012-#E4A61D,再使用渐变变形工具调整填充中心点和填充范围。再使用颜料桶工具为油灯外部填充#886411和#A3760F,底部高光部分填充#D19719,通过不同颜色的搭配实现油灯的明暗效果。

新建图层2，使用铅笔工具 ，设置铅笔模式为"平滑"，笔触大小为3，绘制油灯灯芯，如图8-11所示。

03 新建图层3，在灯芯上方使用椭圆工具按【Shift】键绘制笔触颜色为"无"的圆形，使用颜料桶工具 填充径向渐变色（#FBF966 - #E2E363 - #B8B85E - #8A8A58，透明度为0），执行"修改"→"转换为元件"命令，或按快捷键【F8】，转换为图形元件"光晕"，如图8-12所示。

图8-10　油灯线条　　　图8-11　油灯效果图　　　图8-12　光晕

在图层3第7帧和第13帧按快捷键【F6】添加关键帧，选中第7帧中的"光晕"元件，按快捷键【Ctrl+T】调出变形面板，调整宽度和高度均为80%，分别在第4帧和第10帧上右击，在弹出的快捷菜单中选择"创建传统补间"。

04 新建图层4，使用钢笔工具 绘制火焰的外焰和焰心，并使用颜料桶工具 分别填充为黄色（#FDFC16）和红色（#FB351A）。选中火焰的外焰和焰心，执行"修改"→"转换为元件"命令，或按快捷键【F8】，转换为图形元件"火焰"。

在图层4第7帧和第13帧按快捷键【F6】添加关键帧，选中第7帧中的"火焰"元件，使用任意变形工具 将火焰中心点调至最下方中间后，再将其高度调整为65%，分别在第4帧和第10帧上右击，在弹出的快捷菜单中选择"创建传统补间"以实现火苗蹿动的效果，如图8-13所示。

05 在图层1和图层2的第13帧处按快捷键【F5】添加普通帧，延长播放时间。油灯最终效果图如图8-14所示。

图8-13　火焰效果图　　　图8-14　油灯最终效果图

5. 制作"眼睛"影片剪辑元件

01 执行"插入"→"新建元件"命令，或按快捷键【Ctrl+F8】，新建"眼睛"影片剪辑元件，使用椭圆工具◯绘制眼球和眼白，使用颜料桶工具◇分别填充黑色（#000000）和白色（#FFFFFF），眼睛第1帧效果图如图8–15所示。

02 在第15帧处按快捷键【F7】加空白关键帧，单击时间轴下方的"绘图纸外观轮廓"按钮，调整显示范围为第1帧至第15帧，在第15帧的舞台中可以看到第1帧眼睛的轮廓，如图8–16和图8–17所示。

 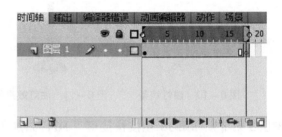

图8–15　眼睛第1帧效果图　　　　图8–16　绘图纸外观轮廓时间轴

03 在第15帧使用钢笔工具◊绘制眨眼的眼睛形状，使用颜料桶工具◇填充黑色（#000000），保证眼睛两个状态位置相同，第15帧眼睛状态如图8–18所示。

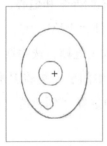 

图8–17　绘图纸外观轮廓显示　　　　图8–18　第15帧眼睛状态

04 在第25帧处右击，在弹出的快捷菜单中选择"插入帧"命令，或按快捷键【F5】，延长播放时间。

6. 制作"嘴巴"影片剪辑元件

01 执行"插入"→"新建元件"命令，或按快捷键【Ctrl+F8】，新建"嘴巴"影片剪辑元件，使用钢笔工具◊在时间轴的第1帧、第4帧、第7帧和第10帧分别绘制嘴巴的四种状态，笔触颜色为黑色（#000000），笔触粗细为2，填充颜色分别为#B82503、#FF9B82和#DBCDC2，如图8–19所示。

图 8-19 嘴巴的四种状态

02 在时间轴的第 11 帧处右击，在弹出的快捷菜单中选择"插入帧"命令，或按快捷键【F5】，延长播放时间。

7. 制作"孩童"影片剪辑元件

01 执行"插入"→"新建元件"命令，或按快捷键【Ctrl+F8】，新建"孩童"影片剪辑元件，使用钢笔工具 ♦ 绘制孩童的脸部线条，如图 8-20 所示。

02 使用颜料桶工具 ♦ 将脸部填充为肉色（#FFEBEC），头发填充为黑色（#000000），发髻填充为暗红色（#CA1212），腮红填充为粉红色（#FE9E9F）。

03 将库中"眼睛"元件和"嘴巴"元件放入图层 1，并调整到合适位置，如图 8-21 所示。

图 8-20 孩童脸部线条　　图 8-21 孩童脸部最终效果

04 选中孩童图层 1 中所有对象，执行"修改"→"转换为元件"命令，或按快捷键【F8】，转换为图形元件"头部静态"。

05 选中孩童头部静态实例，使用任意变形工具 ▨，将中心点调至孩童下巴处，使用变形面板将孩童头部围绕中心点逆时针旋转 6 度，分别在第 20 帧和第 40 帧上按快捷键【F6】添加关键帧，将第 20 帧中孩童头部旋转角度变为顺时针旋转 6 度，分别在第 15 帧和第 25 帧处右击，在弹出的快捷菜单中选择"创建传统补间"，以实现孩童读书摆头的效果。

8. 制作"书本"图形元件

01 执行"插入"→"新建元件"命令，或按快捷键【Ctrl+F8】，新建"三字经"图形元件，使用钢笔工具 ♦ 绘制书本线条，笔触颜色为深蓝色（#073276），笔触大小为 1。

02 使用颜料桶工具 ♦ 填充书封面和封底均为蓝色（#0C4EAF），填充书脊颜色为深蓝色（#0A3B88），如图 8-22 所示。

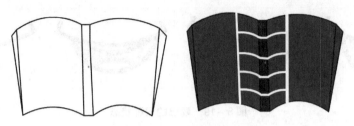

图 8-22 书本线条与填充效果

03 新建图层 2，使用矩形工具□绘制书籍线装线条，并利用选择工具▶调整角度与弧度使其适应书脊角度。

04 新建图层 3，使用矩形工具□绘制填充颜色为白色（#FFFFFF），笔触颜色为无的书名白色框，使用选择工具▶调整方框下面两个角度位置，使其适应书册的角度。

05 新建图层 4，使用文字工具 T 在书名框中添加文字"三字经"，字体为"华文行楷"，字号为 14，颜色为白色（#FFFFFF），文字方向为垂直，字母间距为 -3。再使用任意变形工具，或按快捷键【Ctrl + T】打开变形面板，调整文字角度，执行"修改"→"分离"命令，或按快捷键【Ctrl + B】两次，打散文字，书本最终效果图如图 8-23 所示。

9. 制作"小手掌"图形元件

01 执行"插入"→"新建元件"命令，或按快捷键【Ctrl + F8】，新建"小手掌"图形元件，使用钢笔工具♠绘制手部线条，笔触颜色为棕色（#622F00），笔触大小为 2。

02 使用颜料桶工具♦将手部填充为肉色（#FFEBEC），小手掌效果图如图 8-24 所示。

图 8-23 书本最终效果图　　图 8-24 小手掌效果图

10. 制作"桌子"图形元件

01 执行"插入"→"新建元件"命令，或按快捷键【Ctrl + F8】，新建"桌子"图形元件，使用矩形工具□和线条工具＼，设置笔触颜色为黑色，粗细为 2，矩形选项设置为 30，绘制桌子线条轮廓，如图 8-25 所示。

02 使用颜料桶工具♦将桌子正面填充棕色（#64311E），两边拐角处填充浅棕色（#703821），桌子侧面分别填充深棕色（#502616）和红色（#FFFFFF），然后删除桌子线条，桌子最终效果如图 8-26 所示。

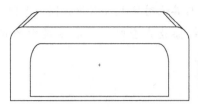 

图 8-25 桌子线条效果　　　　图 8-26 桌子最终效果

11. 搭建舞台

01 返回舞台，将之前创建的房间、窗户、书画、桌子、油灯、孩童、书本、小手掌 8 个元件分别从库中拖到不同的层中，并摆放到合适的位置，注意图层遮挡关系。

02 选中舞台中的小手掌实例，按快捷键【Ctrl+D】复制出另一只手，执行"修改"→"变形"→"水平翻转"命令，调整手掌位置，完成舞台搭建，舞台效果图如图 8-27 所示。

12. 导入声音素材

01 新建图层 2，并更改图层名称为"音频"，执行"文件"→"导入到库"命令，在弹出的"导入到库"对话框中找到"三字经.mp3"音频文件，单击"打开"按钮，将音频文件导入到库中。

02 将"三字经"音频文件从库中拖拽到舞台中，此时在音频图层中出现声音波形。

03 在时间轴中选中所有层的 1460 帧，按快捷键【F5】，将所有层延长至 1460 帧。

04 选中音频图层任一帧，按快捷键【Ctrl+F3】调出属性面板，设置声音的"同步"为"数据流"，并将"效果"设置为"淡出"。

图 8-27 舞台效果图　　　　图 8-28 声音效果选项

提示：

导入的声音文件作为一个独立的元件存在于库面板中，单击库面板预览窗格左上角的"播放"按钮，可以对其进行播放预览。

一个图层中可以放置多个声音文件，声音与其他对象也可以放在同一个图层中，但建议声音对象单独使用一个图层，以便于管理。当播放声音时，所有图层中的声音都将一起播放。

13. 测试影片

01 执行"文件"→"保存"命令，或按快捷键【Ctrl+S】，以"小小读书郎.fla"为名保存文件。

02 执行"控制"→"测试影片"→"测试"命令，或按快捷键【Ctrl+Enter】，预览动画效果。

【相关知识】

1. Flash 支持的音频文件格式

在 Flash 中可以通过导入命令将各种类型的声音文件导入库中，表 8-1 列出了 Flash 中支持导入的音频文件格式。

表 8-1　Flash 支持导入的音频文件格式

文件格式	适用环境
WAV	Windows
MP3	Windows 或 Macintosh
AIFF	Windows 或 Macintosh
SOUND Designer II	Macintosh
QuickTime	Windows 或 Macintosh
Sun AU	Windows 或 Macintosh
System 7	Macintosh

由于音频文件本身比较大，会占用较大的磁盘空间和内存，因此在制作动画时尽量选择效果相对较好、文件较小的音频文件。MP3 声音数据是经过压缩处理的，所以比 WAV 或 AIFF 文件小。如果使用 WAV 或 AIFF 文件，要使用 16 位 22kHz 单声，如果要向 Flash 中添加声音效果，最好导入 16 位声音。当然，如果内存有限，就尽可能地使用小的声音文件或用 8 位声音文件。

2. 导入声音

执行"文件"→"导入"→"导入到库"命令，弹出"导入到库"对话框，选择要导入的声音文件，单击"打开"按钮，导入的声音会存放在库面板中。

3. 编辑声音

将声音从库中拖到舞台后，时间轴的当前帧单元中内会出现声音的波形。打开声音的"属性"面板，如图 8-29 所示，可以对声音进行编辑。

(1) 选择声音

"声音"选项组的"名称"下拉列表框提供了库面板中所有声音文件的名字，选择其中一个名字后，面板下侧就会显示该文件的采样频率、声道、位数、播放时间等。

(2) 选择声音效果

"效果"下拉列表框提供了各种播放声音的效果，可以根据需要选择声音效果，如图 8-30 所示。

图 8-29　声音的属性面板　　图 8-30　声音效果的选项

声音效果各选项功能如下。

1) 无：不对声音文件应用效果。选中该选项将删除之前添加的声音效果。

2) 左声道：只在左声道中播放声音。

3) 右声道：只在右声道中播放声音。

4) 向右淡出：将声音从左声道切换到右声道。

5) 向左淡出：将声音从右声道切换到左声道。

6) 淡入：随着声音的播放逐渐增加音量。

7) 淡出：随着声音的播放逐渐减小音量。

8) 自定义：允许使用"编辑封套"创建自定义的声音淡入和淡出点。

(3) 编辑声音

单击"编辑"按钮，弹出"编辑封套"对话框，如图 8-31 所示，在该对话框中可以编辑声音。用鼠标拖动上下声音波形之间刻度栏内两边的灰色控制条，可截取声音片段。为了使声音和影片在播放时能够达成一致，可以在其属性面板中选择不同的同步类型，如图 8-32 所示。

图 8-31　"编辑封套"对话框　　图 8-32　声音的四种同步类型

1）事件：将声音和一个事件的发生过程同步播放。当动画播放到引入声音的帧时，开始播放声音，而不受时间轴的限制，直到声音播放完毕。如果在"循环"文本框内输入了播放次数，则将按给出的次数循环播放。

2）开始：与"事件"很接近，针对相同的声音在不同开始帧的情况，只播放先开始的声音文件。

3）停止：将指定的声音设置为静音。

4）数据流：这种形式是将声音做同步处理，用于互联网播放。音频随着时间轴动画播放而开始，随着时间轴动画停止而停止。

(4) 声音的循环

对于声音的循环可以在属性面板的"同步"区域，对关键帧上的声音进行设置。

1）重复：设置该关键帧上的声音重复播放的次数。

2）循环：设置该关键帧上的声音始终循环播放。

项目任务 8-2 头脑风暴大挑战

【案例目的】

通过制作"头脑风暴大挑战"动画,巩固前面所学的按钮元件的制作方法,并学习如何为按钮添加声音。

【案例分析】

在"头脑风暴大挑战"动画中,将声音导入按钮中,根据选项的正确与否,发出不同的短响,如图 8-33 所示。

图 8-33 "头脑风暴大挑战"效果图

【实践操作】

1. 创建 Flash 文档

01 创建一个新的 Flash 文档,背景为白色(#FFFFFF)。

02 执行"文件"→"导入"→"导入到舞台"命令,将背景图像导入到舞台中。

03 在空白处单击,按快捷键【Ctrl + F3】调出属性面板,单击"编辑文档属性"按钮,打开"文档设置"对话框,设置文档大小匹配为"内容",将舞台大小设置为与背景图像相同。

2. 创建"气球"图形元件

01 执行"插入"→"新建元件"命令，或按快捷键【Ctrl + F8】，新建"气球"图形元件，使用椭圆工具 ○、矩形工具 □ 绘制蓝色（#3399FF）气球，使用铅笔工具 ✎ 设置铅笔模式为"平滑"，绘制颜色为蓝色（#3399FF）的线，如图 8 - 34 所示。

02 按快捷键【Ctrl + C】复制图层 1 中的气球，新建图层 2，在图层 2 中按快捷键【Ctrl + Shift + V】原位粘贴。

03 将图层 1 中的气球选中，填充颜色和笔触颜色均改为灰色（#B2B2B2），并向下、向右各移动 3 个像素，实现阴影效果图，如图 8 - 35 所示。

04 在库中右击气球图形元件，在弹出的快捷菜单中选择"直接复制"命令，新建"橙色气球"图形元件。

05 将图层 2 中的气球选中，填充颜色和笔触颜色均改为橙色（##FF9900），如图 8 - 36 所示。

图 8 - 34　蓝色气球　　图 8 - 35　带阴影效果的蓝色气球　　图 8 - 36　带阴影效果的橙色气球

3. 创建"旋转图标 1"影片剪辑元件

01 执行"插入"→"新建元件"命令，或按快捷键【Ctrl + F8】，新建"旋转图标 1"影片剪辑元件。

02 执行"文件"→"导入"→"导入到库"命令，将三个图标图片文件导入到库中，将"蜜罐"图标拖到图层 1 中，使用对齐面板将其水平方向、垂直方向居中对齐，按快捷键【F8】转换为图形元件。

03 在第 60 帧处按快捷键【F6】插入关键帧，在时间轴第 30 帧处右击，在弹出的快捷菜单中选择"创建传统补间"命令，在属性面板中设置"旋转"方式为"顺时针"。

04 使用相同的方法，利用另外两个图标图片分别创建"旋转图标 2"和"旋转图标 3"影片剪辑元件。

4. 创建"选项 1 - 3"系列按钮元件

01 执行"插入"→"新建元件"命令，或按快捷键【Ctrl + F8】，新建"选项 1"按钮元件。

02 在按钮"弹起"状态的图层 1 中使用椭圆工具 、矩形工具 绘制选项背景框，填充颜色为灰色（#B2B2B2），如图 8-37 所示。

03 按快捷键【Ctrl+C】复制图层 1 中的选项背景框，新建图层 2，在按钮"弹起"状态的图层 2 中按快捷键【Ctrl+Shift+V】原位粘贴，使用颜料桶工具 将其填充色改为草绿色（#CBE658）。

04 新建图层 3，在按钮"弹起"状态的图层 3 中执行"文件"→"导入"→"导入到舞台"命令，将小图标图片导入到舞台，按快捷键【Ctrl+B】将图片打散，选择部分小图标摆放到合适的位置，如图 8-38 所示。

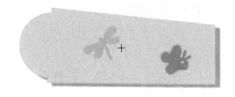 

图 8-37　灰色背景框　　　　　　　　图 8-38　选项背景框

05 新建图层 4，在按钮"弹起"状态的图层 4 中使用文本工具 T 在背景框上方添加文字"瑞比"，字体为"方正少儿简体"，字号为 50，字符间距为 20，颜色为白色(#FFFFFF)，执行"修改"→"分离"命令或按快捷键【Ctrl+B】两次，打散文字。

06 新建图层 5，将库中的"蜜罐"图形元件拖入按钮"弹起"状态的图层 5 中，使用任意变形工具 或按快捷键【Ctrl+T】打开变形面板，调整蜜罐元件实例的大小为原来的 80%，摆放到合适位置。

07 选中图层 1~图层 4 的"按下"状态，按快捷键【F5】添加普通帧。

08 在图层 5 的"指针经过"和"按下"两个状态分别按快捷键【F6】添加关键帧。选中"指针经过"状态的"蜜罐"元件实例，调出属性面板，单击"交换"按钮，在弹出的"交换元件"对话框中将图形元件交换为"旋转图标 1"影片剪辑元件，并在属性面板中将其"实例行为"改为"影片剪辑"，如图 8-39 所示。

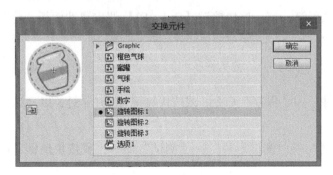

图 8-39　"交换元件"对话框

09 新建图层6，在"按下"状态按快捷键【F6】添加关键帧，执行"文件"→"导入"→"导入到库"命令，将"失败"音频导入到库中，并将失败音频文件从库中拖拽到舞台中，在属性面板中将声音的"同步"选项设置为"开始"。

10 依照以上的方法，创建"选项2"和"选项3"两个按钮元件，分别添加文字为"宝姑"和"捕头"，添加的音频文件分别为"失败"和"鼓掌"，如图8-40所示。

图8-40 "选项2"和"选项3"按钮元件

5. 搭建舞台

01 返回舞台，新建图层2，执行"文件"→"导入"→"导入到舞台"命令，将"透明背景"导入到舞台中，摆放到合适的位置。

02 新建图层3，使用文本工具 T 在背景框上方添加文字"《小熊维尼》动画片中黛比家的小狗叫什么名字?"，字体为"蔡云汉天真娃娃书法字体"，字号为28，字符间距为0，颜色为红色（#FF0000），执行"修改"→"分离"命令，或按快捷键【Ctrl+B】两次，打散文字，并将"气球"和"橙色气球"两个图形元件从库中拖拽出来调整大小、角度，进行装饰。

03 新建图层4，执行"文件"→"导入"→"导入到舞台"命令，将"维尼熊海报"导入到舞台中，使用变形面板调整大小，摆放到合适的位置。

04 新建图层5，将"选项1-3"三个按钮元件从库中拖拽到舞台中，使用变形面板调整大小，摆放到合适的位置。

05 新建图层6，执行"文件"→"导入到库"命令，在弹出的"导入到库"对话框中找到"小熊维尼.mp3"音频文件，单击"打开"按钮，将音频文件导入到库中。

06 将"小熊维尼"音频文件从库中拖拽到舞台中，此时在音频图层中出现声音波形。

07 选中音频图层第一帧，按快捷键【Ctrl+F3】调出属性面板，将声音的"同步"设置为"事件"。

6. 测试影片

01 执行"文件"→"保存"命令，或按快捷键【Ctrl+S】，以"头脑风暴大挑战.fla"为名保存文件。

02 执行"控制"→"测试影片"→"测试"命令，或按快捷键【Ctrl+Enter】，预览动画效果。

电视—儿歌《Ten Little Indians》

【案例目的】

通过添加视频的操作，了解 Flash 支持的视频文件格式，学习如何导入视频。

【案例分析】

将"儿歌"视频文件导入库中，再将库中文件拖入舞台，完成视频的添加，效果图如图 8-41 所示。

图 8-41 "电视—儿歌《Ten Little Indians》"效果图

【实践操作】

1. 新建文档

执行"文件"→"新建"命令，弹出"新建文档"对话框，新建大小为 550×529 的 ActionScript 3.0 空白文档。

2. 创建视频组件

01 执行"窗口"→"组件"命令，或按快捷键【Ctrl + F7】，打开组件面板，如图 8-42 所示。

02 在"Video"组找到名为 FLVPlayback 的组件，拖拽到舞台中，如图 8-43 所示。

图 8-42　组件面板　　　　图 8-43　FLVPlayback 组件

03 选中舞台中的组件，按快捷键【Ctrl + F3】打开属性面板，在"组件参数"中单击"source"右侧的"编辑"图标，在打开的"内容路径"对话框中浏览，找到 .flv 格式的视频文件，选择"是否匹配源尺寸"选项，确保组件根据视频的尺寸进行调整，视频设置成功。如果视频设置不成功，组件不显示内容，需要对视频进行格式转换，因为组件播放仅支持为数不多的编码格式。

04 选中舞台中的组件，在属性面板的"组件参数"中设置播放器皮肤选项，将"skin"的值设置为"skinoverall.swf"。

05 设置"组件参数"中的对齐（align）参数为"center"，设置自动播放（autoplay）为选中状态。

3. 搭建舞台

01 新建图层 2，执行"文件"→"导入"→"导入到舞台"命令，弹出"导入"对话框，将"电视.png"图片导入舞台。

02 按快捷键【Ctrl + T】调出对齐面板，使电视图片与舞台大小匹配并在水平、垂直方向上均对齐。

03 使用快捷键【Ctrl + B】将图片打散；选择套索工具，单击"魔术棒设置"按钮，在弹出的"魔术棒设置"对话框中设置阈值为"10"，平滑指数为"平滑"，用魔术棒单击电视图形中的白色部分，按【Delete】键，将电视屏幕上的白色部分删除。

04 调整视频大小与位置，确保图层 1 中的视频与电视屏幕的位置、大小相适应。

4. 测试影片

01 执行"文件"→"保存"命令，或按快捷键【Ctrl + S】，以"电视—儿歌《Ten

Little Indians》.fla"为名保存文件。

02 执行"控制"→"测试影片"→"测试"命令,或按快捷键【Ctrl + Enter】,预览动画效果。

【相关知识】

Flash 中可以支持的视频文件格式如下:

1)如果系统安装了 QuickTime 7,则导入嵌入视频时支持的视频文件格式包括 AVI、MPG、MPEG 和 MOV。

2)如果系统安装了 DirectX 9 或更高版本(仅限 Windows),则在导入嵌入视频时支持的视频文件格式包括 AVI、MPG、MPEG、WMV 和 ASF。

Flash 中插入视频除了使用组件面板的方法之外,还可以通过文件导入的方法完成,步骤如下:

1)执行"文件"→"导入"→"导入视频"命令,弹出"导入视频"对话框,如图 8 - 44 所示,单击"浏览"按钮,在弹出的"打开"对话框中选择需要导入的视频文件,单击"下一步"。

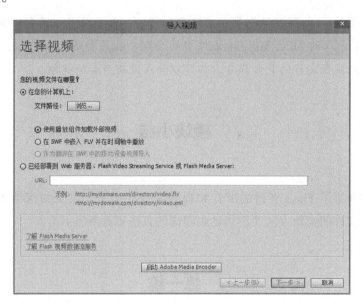

图 8 - 44 "导入视频"对话框

2)进入"设定外观"界面,选择合适的播放器外观,单击"下一步",如图 8 - 45 所示。

3)进入"完成视频导入"界面,单击"完成"按钮完成视频导入。

图8-45 设置播放器外观

提示：

在有些情况下，Flash 可能只能导入文件中的视频，而无法导入音频。例如，系统不支持用 QuickTime 4 导入的 MPG/MPEG4 文件中的音频。在这种情况下，Flash 会显示警告信息，说明无法导入视频文件的音频部分，但可以导入没有声音的视频。

模块小结

本模块简单介绍了 Flash 支持的声音和视频文件的类型，以及如何导入声音和视频文件。对于音视频文件的编辑方法，使用动画制作的方法更具有吸引力。

练一练

1. 制作诗配画"大林寺桃花"动画效果，添加音频文件，如图 8-46 所示。

图 8-46 "大林寺桃花"效果图

2. 制作片头"荷塘月色"动画效果,添加音频文件,如图 8-47 所示。

图 8-47 "荷塘月色"效果图

3. 制作"计算机播放视频"效果,添加视频文件,如图 8-48 所示。

图 8-48 "计算机播放视频"效果图

模块 9

ActionScript 3.0 语法基础

▶ 模块导读

对于动画设计和游戏开发而言，ActionScript 3.0 是非常棒的语言。它能创建各种不同的应用特效，实现丰富多彩的动画效果，使 Flash 创建的动画更具人性化、更有弹性效果。在本模块中，学习 ActionScript 3.0 的基本语法和函数，通过几个简单的编程案例，初步了解 ActionScript 3.0 语法。

▶ 学习目标

1. 熟悉动作-帧面板，了解动作脚本的写入方法。
2. 了解变量的声明方法、数据的基本类型以及变量的运算。
3. 掌握条件语句 if…else 的句型。
4. 掌握循环语句的句型。
5. 掌握函数的定义和调用方法。

▶ 学习任务

创建简单的 ActionScript 3.0 程序。
简单的变量运算。
语句应用。
函数的定义和调用。
制作"小鸟飞走了"动画。

项目任务 9-1

简单的 ActionScript 3.0 程序

⛵【案例目的】

通过制作显示"This is my first program!"的程序实例,了解通过动作面板编写 ActionScript 3.0 程序的方法以及 trace 函数的用法。

⛵【案例分析】

当介绍一门新的编程语言时,一般都是从编写输出面板中显示出字符与数字开始的。本案例的目的是编写显示"This is my first program!"程序,这种程序只能在软件的输出面板中显示出 This is my first program! 字符,而不带其他功能。

⛵【实践操作】

1. 创建文档,输入代码

01 打开 Flash CS6,通过 Flash 启动界面新建一个 ActionScript 3.0 文档,如图 9-1 所示。此处还可以选择"文件"菜单,单击"新建"命令进行新建。

图 9-1 Flash 启动界面

02 在时间轴中的空白关键帧上右击鼠标,在弹出的快捷菜单中选择"动作"命令或按快捷键【F9】,打开动作-帧面板。在动作面板中输入代码:trace("This is my first program!"),如图9-2所示。

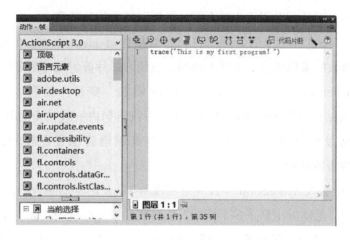

图9-2 在动作面板中输入代码

2. 测试影片

01 执行"控制"→"测试影片"命令,或按快捷键【Ctrl+Enter】,在输出面板中显示测试结果,如图9-3所示。

图9-3 输出面板中显示的结果

02 执行"文件"→"保存"命令,或按快捷键【Ctrl+S】,以"简单AS.fla"为名保存文件。

【相关知识】

1. 交互式动画

Flash动画允许用户参与和控制播放的内容,这使得用户的主动性大大提高,用户由被动地接受信息变为主动地查找信息,这就是通常所说的交互功能。应用交互功能创作的动画就叫作交互式动画。交互功能的使用不但提高了用户的使用兴趣,而且由于目的性的增强,用户获取信息的时长也大大缩短。

Flash 动画交互功能的实现应完全归功于 ActionScript 语言。在 Flash CS6 中，可以使用 ActionScript 1.0、ActionScript 2.0 和 ActionScript 3.0。利用 Flash 的动作脚本，不仅可以制作出各种交互式动画，而且可以用于实现下雪、鼠标跟随等特效动画。

ActionScript 是 Flash CS6 中的编程语言，它的结构与 JavaScript 基本相同。ActionScript 采用的也是面向对象的编程思想，它以关键帧、按钮和影片剪辑元件为对象，采用事件响应来定义和编写 ActionScript。同样它也有自己的语法、变量、函数以及表达式等，与 JavaScript 类似。其结构也是由许多行语句组成，每行语句由一些指令运算符等构成。其结构与 C/C++ 等高级编程语言十分相似，对于有高级语言编程经验的读者来说，学习 ActionScript 是一件很容易的事。

最初在 Flash 中引入 ActionScript，目的是实现对 Flash 影片的播放控制。而 ActionScript 发展到今天，已经广泛地应用到了多个领域，能够实现丰富的应用功能。ActionScript 3.0 能够与创作工具 Adobe Flash CS6 结合，创建各种不同的应用特效，实现丰富多彩的动画效果，使 Flash 创建的动画更具人性化，更具有弹性效果。

2. ActionScript 语言概述

创建交互式动画的关键是设置当指定的事件发生时要执行的动作，事件既可以在动画播放到特定帧时触发动作，也可以在单击按钮或按键时触发动作。可以为事件设计一定的动作，通过单个语句或一系列语句来完成，但要求在执行某个动作之前先了解动画的当前状态。

交互式动画的很多动作都是由程序来完成的，因此要设置出特别的动作效果，需要用户有一定的编程经验。对于没有多少程序设计经验的初学者，Flash 提供了极为方便的动作面板，其中保存了 Flash 提供的脚本语言，用户只需从列表中选择合适的动作，并进行必要的设定即可。这样，不懂程序语言的用户也能利用 ActionScript 制作出 Flash 动画效果。

在 Flash 文档的动画设计过程中，可以在关键帧、按钮和影片剪辑 3 个地方加入 ActionScript 脚本程序。

1）关键帧。在关键帧上设置的动作是在该帧被播放时执行。例如在动画的第 10 帧处通过 ActionScript 脚本程序设置了动作，当影片播放到第 10 帧时就会执行相应的动作。因此，这种动作必须在特定的时机执行，与播放时间或影片内容有极大的关系。

2）按钮。该类动作是当按钮发生某些特定事件时才会执行。例如按钮被按下、释放或光标经过该按钮时。为按钮添加 ActionScript 脚本程序很容易完成互动式程序界面的设计，还可以将多个按钮组成按钮式菜单，菜单中的每个按钮实例都可以有自己的动作，即使是同一元件的实例也不会互相影响。

3) 影片剪辑。这类动作通常是在播放该影片剪辑时被载入。同一影片剪辑的不同实例也可以有不同的动作。这类动作虽然相对较少使用，但如果能够灵活运用，将会简化许多工作流程。

3. ActionScript 3.0 程序的写入方法

Flash CS6 中有两种写入 ActionScript 3.0 程序的方法：一种是在时间轴的关键帧加入 ActionScript 程序；另一种是在外部写出单独的 ActionScript 类文件，然后绑定或者导入到 Flash 文件中来。

4. 使用动作-帧面板

动作-帧面板是用于编辑 ActionScript 程序的工作环境，可以将脚本代码直接嵌入到 Flash 文件中。动作-帧面板由三个窗格构成："动作"工具箱（按类别对 ActionScript 元素进行分组）、脚本导航器（快速地在 Flash 文档中的脚本间导航）和"脚本"窗格（可以在其中输入 ActionScript 程序）。动作-帧面板如图 9-4 所示。

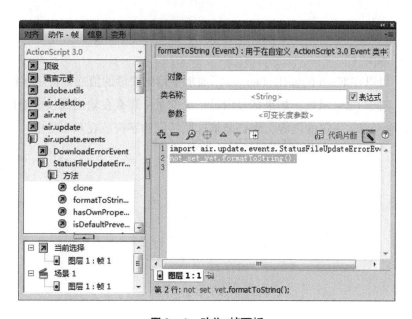

图 9-4　动作-帧面板

在动作-帧面板的"脚本"中输入脚本代码后，则执行"调试"→"调试影片"命令，将弹出 Flash Player 播放器，在时间轴位置显示"编译器错误"选项卡，并显示错误报告，如图 9-5 所示。

图 9-5 测试影片

5. trace 函数

1）格式：trace（ ）

2）功能：可以在 Flash 的输出（output）面板中输出变量的值或是特定字符的内容。

3）说明：对于 trace 函数，如果括号内是一个变量，那么在输出面板中输出的是变量的值；如果需要输出特定字符的内容，则必须将这些特定的字符放在双引号中。

项目任务 9-2 简单变量

【案例目的】

通过一段简单的程序,了解变量的声明方法、数据的基本类型以及变量的运算。

【案例分析】

在日常生活中,我们经常需要对数据进行加、减、乘、除等简单的数学运算。在本案例中,我们通过编写一段简单的程序,对声明的变量进行常用的数学运算,并且运算结果可以在软件的输出面板中显示。

【实践操作】

1. 创建文档,输入代码

01 新建一个 ActionScript 3.0 的 Flash 文档。

02 选中时间轴中的空白关键帧,点击鼠标右键,选择"动作"选项,可以进入到动作-帧面板。在动作-帧面板中输入代码:

```
var a:int =6,b:int =3;      //声明变量 a,b 为整型变量,并分别赋值为 6 和 3
var c1,c2,c3,c4;            //声明变量 c1,c2,c3,c4
c1 = a + b;                 //将 a 加 b 的运算结果赋值给 c1
c2 = a - b;                 //将 a 减 b 的运算结果赋值给 c2
c3 = a * b;                 //将 a 乘 b 的运算结果赋值给 c3
c4 = a / b;                 //将 a 除 b 的运算结果赋值给 c4
trace(c1);
trace(c2);
trace(c3);
trace(c4);                  //分别输出 c1,c2,c3,c4 的值
```

动作-帧面板如图 9-6 所示。

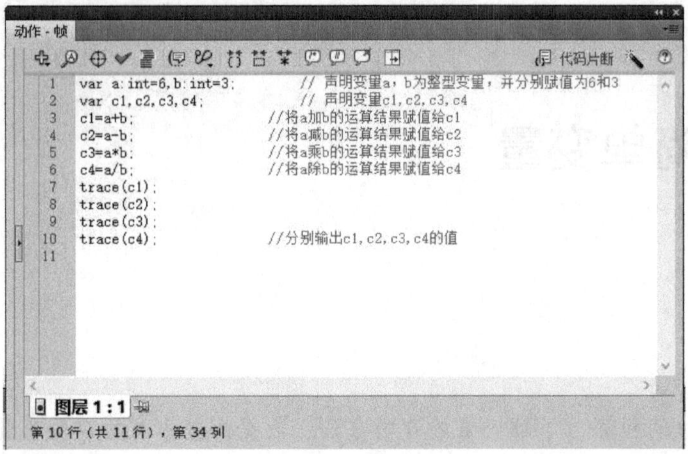

图9-6 动作-帧面板

2. 测试影片

01 执行"控制"→"测试影片"命令，或按快捷键【Ctrl + Enter】，在输出面板中显示出测试结果，如图9-7所示。

图9-7 输出面板中显示的测试结果

02 执行"文件"→"保存"命令，或按快捷键【Ctrl + S】，以"简单变量.fla"为名保存文件。

【相关知识】

1. 常用编辑元素

（1）点语法

在 ActionScript 程序中，可以看到许多语句中使用点运算符（.）用来访问对象的属性和方法，主要用于几个方面：第一，可以采用对象后面跟点运算符的属性名称或者方法名称，用来引用对象的属性或者方法；第二，可以使用点运算符表示路径；第三，可以使用点运算符描述所显示对象的路径。

例如，在场景中创建了一个影片剪辑元件实例"ball"，它拥有属性"_Y"（影片剪辑实例属性，指出编辑区中影片剪辑实例的 Y 轴位置）。表达式"ball._Y"是指影片剪辑实例"ball"的"Y"属性。

点运算符常常还用来连接某个对象的变量名。例如，"color"是在影片剪辑"house"中设置的一个变量，而"house"又是嵌套在影片剪辑"school"中的影片剪辑。表达式"school. house. color = red"的作用是设置实例"house"的"color"变量的值为 red。

在点运算符中，影片剪辑元件实例有三个特殊的关键字"_root"、"_parent"和"this"。这三个关键字分别赋予场景工作区中的影片剪辑元件实例一个别名。

可以使用"root"别名创建一个绝对路径。例如，下面的语句调用时间轴中影片剪辑 functions 的 build Game Board 函数：

```
root functions.build Game Board();
```

可以用别名"parent"引用嵌套在当前影片剪辑中的影片剪辑，也可以用"_parent"创建一个相对目标路径。例如，如果影片剪辑 dog 被嵌套在影片剪辑 animal 之中，那么，在实例 dog 上的下列语句告诉 animal 停止播放：

```
_parent.stop();
```

（2）语句中标点符号含义（表 9-1）

表 9-1 标点符号含义

名称	含义
分号	在 ActionScript 语句中，可以用分号（;）表示语句的结束
逗号	在 ActionScript 语句中，主要用逗号（,）分割参数，如函数的参数、方法的参数等
冒号	在 ActionScript 语句中，主要用冒号（:）为变量指定数据类型
小括号	在 ActionScript 语句中，小括号有三种用法：其一，在表达式中用于改变优先运算；其二，在关键字后面，表示函数、方法等；其三，在数组中，使用小括号可以定义数组的初始值
中括号	在 ActionScript 语句中，中括号（[ ]）用于数组的定义和访问
大括号	在 ActionScript 语句中，大括号（{ }）主要用于编程语言程序控制、函数或者类中。在构成控制结构的每个语句前后添加大括号（例如 if...else），即使该控制结构只包含一个语句

除了点运算符以外，在 ActionScript 程序中还会常见到分号（;）、逗号（,）、冒号（:）、小括号（( )）、中括号（[ ]）和大括号（{ }）。

（3）注释

在编写 ActionScript 时，通常为便于用户或者其他人员阅读代码，可以在代码行之间插入注释。因此，注释是使用一些简单易懂的语言对代码进行简单的解释的方法。注释语句在编译过程中，并不会进行求值运算。

如果某一行或一行的某一部分是注释，则应该在注释前加两个斜杠//，如：

```
On(release)
{
                                        //创建新的 Date 对象
myDate = new Daw Date();
currentMonth = myDate.getMonth();
                                        //将月份数转换为月份名称
monthName = calcMonth(currentMonth);
year = myDate.getFullYear();
currentDate = myDate.getDate();
}
```

如果启用了语法颜色，注释在默认情况下为灰色。注释可以有任意长度，而不会影响导出文件的大小，并且它们不必遵循动作脚本语法或关键字的规则。如果有多行注释文本，则可以在注释开头使用 /* 代替双斜杠，使用 */ 标记注释结尾。

2. 数据的本质及其重要性质

在 ActionScrpt 3.0 中，所有的数据都可以视为对象。

数据类型：

（1）基元数据类型

如：

Boolean——标识真假

int、Number、uint——处理数字

String——处理文字

（2）复杂数据类型

如：

Array、Data、Error、Function、RegExp、XML、XMLList 等

自己定义的类

3. 变量的声明和使用

变量（Variable）是用来存放数据的，可以把数字、字符串等数据存放在变量中。在需要的时候，通过变量来访问存储在其中的数据。可以通过赋值改变变量中值，变量与变量之间也可以通过赋值传递数据。

变量在使用前需要声明，说明变量的名称和类型。声明变量的基本语法如下：

```
var variableName:variableDataType = data
```

其中，var 是 ActionScript 中的关键字，用于说明目前正在进行变量声明。var 关键字后面是变量的名称。在变量名后使用冒号跟随变量的数据类型，表示变量只可以存放指定类型的数据。在声明变量时，可以直接使用赋值符号 "=" 对变量进行赋值。

例如：

```
var IdClass:int =100
//代码声明一个名称为 IdClass 的整型(int)变量,并且赋值为 100。
var TeaName:String ="龙井茶"
//代码声明一个名称为 TeaName 的字符串类型的变量,并且赋值为"龙井茶"。
```

如果需要连续声明多个变量，可以用逗号将每个变量隔开，如下代码：

```
var CatNumber:int,CatKind:int =5,CatName:String
```

提示：

变量名的首字符需要使用下划线或英文字母，不能用数字开头。例如：_dga、AgeCount 这样的变量名是符合语法的，而 1c、22year 这样的变量名是不符合语法的。

4. 常量的声明与使用

如果需要声明的是一个常量，则需要用到关键字 const，声明常量的语法如下：

```
const variableName:variableDataType = data
```

例如：

```
const ClassNumber:int =54
//代码声明一个名称为 ClassNumber 的整型常量,并且赋值为 54。
```

5. 基础数据类型

（1）布尔型：Boolean

表示逻辑的真假，它的值为 true 和 false，如果声明一个布尔型变量时没有赋值，则默认值为 false，例如：

```
var Fitball:Boolean = true
trace(Fitball)         //此时显示出返回的值为 true。
var fooy:Boolean
trace(fooy)            //此时显示出返回的值为 false。
```

（2）数值型：int，uint，Number

1) int：有符号的 32 位整数型，数值范围：$-2^{31} \sim +(2^{31}-1)$。
2) uint：没有符号的 32 位整数型，数值范围：$0 \sim 2^{32}-1$。
3) Number：64 位浮点值，数值范围 $1.7976931348623E+308 \sim 4.960656458412467E-324$。

提示： 使用 int，uint，Number 应当注意的事项

1) 能用整数值时优先使用 int 和 uint。
2) 整数值有正负之分时，使用 int。

3) 只处理正整数，优先使用 uint。

4) 处理和颜色相关的数值时，使用 uint。

5) 碰到或可能碰到小数点时使用 Number。

6) 整数数值运算涉及除法，建议使用浮点值 Number。

(3) 字符串型：String

表示一个 16 位字符的序列。字符串在数据的内部存储为 Unicode 字符，并使用 UTF - 16 格式。

(4) 空值：null

一种特殊的数据类型，其值只有一个，即 null，表示空值。null 值为字符串类型和所有类的默认值，且不能作为类型修饰符。

(5) void

变量也只有一个值，即 undefined，其表示无类型的变量。void 型变量仅可用作函数的返回类型。无类型变量是指缺乏类型注释或者使用星号（*）作为类型注释的变量。

6. 运算符、表达式及运用

要有运算对象才可以进行运算，运算对象和运算符的组合称为表达式。

最常用的运算符：赋值运算符（=），将等号右边的值（右值）复制给等号左边的变量。等号左边必须是一个变量，不能是基元数据类型，也不能是没有声明的对象的引用。

常见合法的形式如下：

```
var a:int =15
var b:String
b = "old"
a = 7 - 4 + 8
var c:Object = new Object()
var d:Object = c
```

项目任务 9-3 语句应用

【案例目的】

通过一段简单的程序,了解条件语句 if…else 的使用方法。

【案例分析】

调用系统时间的小时数,根据不同时间段显示不同的提示语。本案例中,通过编写一段简单的程序,对变量数值进行判断,并将判断的结果在输出面板中显示。

【实践操作】

1. 创建文档,输入代码

01 新建一个 ActionScript 3.0 的 Flash 文档。

02 选中时间轴中的空白关键帧,点击鼠标右键,选择"动作"选项,可以进入到动作-帧面板。在动作-帧面板中输入代码:

```
var a:Date = new Date();              //声明变量a,并赋值为当前日期
var b:uint = a.getHours();            //声明变量b,并赋值为当前小时数
if(b > =0&&b < =6){
        trace("注意身体,不要熬夜!")}
//判断若b的值大于等于0点小于等于6点,输出"注意身体,不要熬夜!"
else if(b >6&&b < =7){
        trace("该起床了!")}
//判断若b的值大于6点小于等于7点,输出"该起床了!"
else if(b >7&&b < =12){
        trace("又是美好的一天")}
//判断若b的值大于7点小于等于12点,输出"又是美好的一天"
else if(b >12&&b < =14){
        trace("该吃午饭了")}
//判断若b的值大于12点小于等于14点,输出"该吃午饭了"
else if(b >14&&b < =17){
        trace("努力工作的下午!")}
//判断若b的值大于14点小于等于17点,输出"努力工作的下午!"
else if(b >17&&b < =18){
        trace("下班喽!")}
//判断若b的值大于17点小于等于18点,输出"下班喽!"
```

```
else if(b>18&&b<=20){
        trace("享受美味晚餐")}
//判断若 b 的值大于 18 点小于等于 20 点,输出"享受美味晚餐"
else if(b>20&&b<=23){
        trace("不要总看手机,陪陪家人呦!")}
//判断若 b 的值大于 20 点小于等于 23 点,输出"不要总看手机,陪陪家人呦!"
else {
        trace("早睡早起身体好!")
}
//判断若 b 的值为其他情况,输出"早睡早起身体好!"
```

动作 – 帧面板如图 9 – 8 所示。

```
 1  var a:Date=new Date();              //声明变量a,并赋值为当前日期
 2  var b:uint=a.getHours();             //声明变量b,并赋值为当前小时数
 3  if(b>=0&&b<=6) {
 4  trace("注意身体,不要熬夜!")}
 5  else if(b>6&&b<=7) {
 6  trace("该起床了!")}
 7  else if(b>7&&b<=12) {
 8  trace("又是美好的一天")}
 9  else if(b>12&&b<=14) {
10  trace("该吃午饭了")}
11  else if(b>14&&b<=17) {
12  trace("努力工作的下午!")}
13  else if(b>17&&b<=18) {
14  trace("下班喽!")}
15  else if(b>18&&b<=20) {
16  trace("享受美味晚餐")}
17  else if(b>20&&b<=23) {
18  trace("不要总看手机,陪陪家人呦!")}
19  else {
20  trace("早睡早起身体好!")
21  }
```

图 9 – 8　在动作 – 帧面板

2. 测试影片

01 执行"控制"→"测试影片"命令,或按快捷键【Ctrl + Enter】,在输出面板中显示出测试结果,如图 9 – 9 所示。

02 执行"文件"→"保存"命令,或按快捷键【Ctrl + S】,以"语句应用. fla"为名保存文件。

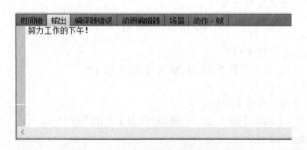

图 9 – 9　在输出面板中显示结果

【相关知识】

1. 语句

语句是 ActionScript 能够执行的最小单位，ActionScript 中有 4 种类别的语句：简单语句、选择语句、循环语句和转移语句，如表 9-2 所示。

表 9-2 ActionScript 中的语句

类别	名称	一般形式
简单语句	表达式语句	表达式；
	空语句	;
	返回语句	return；或 return 表达式；
	符合语句	{语句}
选择语句	条件语句	if（表达式）语句1 else 语句2
	开关语句	switch（表达式）{case 常量表达式；语句……default；语句}
循环语句	while 语句	while（表达式）语句
	for 语句	for（表达式1；表达式2；表达式3）语句
	do…while 语句	do 语句 while（表达式）
	for-in 语句	for（变量 in 对象）{语句}
转移语句	break 语句	break；
	continue 语句	continue；

2. 条件语句

条件语句在程序中主要用于实现对条件的判断，并根据判断结果，控制整个程序中代码语句的执行顺序。

（1）if 语句

if 语句是最简单的条件语句，通过计算一个表达式的 Boolean 值，并根据该值决定是否执行指定的程序代码。格式如下：

```
if(条件表达式){
流程
}
```

例如：

```
var a:int =10,b:int =5
if(a > b){
trace("正确")
}
```

上面的代码首先声明两个整型变量 a，b 并且赋值，在 if 语句中判断条件为 a>b，由于 a 为 10，b 为 5，因此 a>b 的条件为真，因此执行 if 语句中的代码，即输出"正确"两个字符。

(2) if…else 语句

简单的 if 语句只当判断条件为真时，执行其包含的程序。如果想要在条件为假时，执行另一段程序，则需要使用 if…else 语句。格式如下：

```
if(条件表达式){
流程 a
}
else{
流程 b
}
```

if…else 语句中，如果条件表达式为真（true），执行流程 a；如果为假（false），执行流程 b。

例如：

```
var a:String = "A";      //取出文本框 txtA 的值
var b:String = "B";      //取出文本框 txtB 的值
if(a = = b){
    Alert.show("两个数相等");
}
else{
    Alert.show("两个数不相等");
}
```

满足条件执行 if 后面的程序块，不满足条件则执行 else 后面的代码块，这是简单的条件判断。如果要使用 if 来判断更多的条件，可以使用 if 语句的另一种用法：if…else if…else if。

例如：

```
var d:int = int(88);
if(d = = 0){
        Alert.show("你输入的数" + d + "等于 0");
}
else if(d>0){
        Alert.show("你输入的数" + d + "大于 0");
}
else if(d<0){
        Alert.show("你输入的数" + d + "小于 0");
}
```

3. 循环语句

在程序设计中，如果需要重复执行一些有规律的运算，可以使用循环语句。循环语句可以对某一段程序代码重复执行，直至满足循环终止条件为止。

循环程序结构的结构一般认为有两种：

一种先进行条件判断，若条件成立，执行循环体代码，执行完之后再进行条件判断，条件成立继续，否则退出循环。若第一次条件就不满足，则一次也不执行，直接退出。

另一种是先执行依次操作，不管条件，执行完成之后进行条件判断，若条件成立，循环继续，否则退出循环。

循环语句有的适合在循环次数确定的时候使用（如：for 循环语句），有的则适合在循环次数不确定的时候使用（如：while 语句），而有的无论如何也需要执行一次循环体（如：do…while 循环语句）。

（1）for 语句

for 循环语句是 ActionScript 编程语言中最灵活、应用最为广泛的语句。for 循环语句语法格式如下：

```
for(初始化;循环条件;步进语句){
循环执行的语句;
}
```

例如：

```
var sum:int =0;
for(var i:int =1;i <=10;i ++){
    sum +=i;
}
Alert.show(sum.toString());
```

（2）while 语句

while 语句是一种简单的循环语句，仅由 1 个循环条件和循环体组成，通过判断条件来决定是否执行其所包含的程序代码。while 语句语法格式如下：

```
while(循环条件){
循环执行的语句
}
```

例如：

```
var i:int =10;
var sum:int =0;
while(i! =0){
    sum +=i;
```

```
            i--;
}
Alert.show(sum.toString());
```

(3) do…while 语句

do…while 循环是另一种 while 循环，它保证至少执行一次循环代码，这是因为其是在执行代码块后才会检查循环条件。do…while 循环语句语法格式如下：

```
do{
循环执行的语句
}while(循环条件)
```

例如：

```
var i:int =10;
var sum:int =0;
do{
     sum += i;
     i--;
}while(i! =0);
Alert.show(sum.toString());
```

除了以上三种循环语句的使用方式外，在 ActionScript 3.0 中对于 for 循环来说还有另外两种使用方式，他们分别是 for–in 和 for each 语句，使用都很简单。for–in 循环语句的使用方式如下：

```
var employee:Object =newObject();
    employee.Name = "王敏";
    employee.Sex = "男";
    employee.Email = "wm111@163.com";
    employee.Address = "中国西安";
    var temp:String = "";
    for(varemp:Stringinemployee){
    temp += employee[emp] + "n";
    }
Alert.show(temp);
```

for each 循环语句的使用方式如下：

```
var books:Array =new Array("IBM","APPLE","SUN","ADOBE");
foreach(vars:Stringinbooks){
     Alert.show(s);
}
```

在 ActionScript 3.0 中使用循环语句，同样可以使用 continue，break 来跳出循环，使用上和 C#/Java 是一样的。

break 用来直接跳出循环，不再执行循环体内后面的语句。

continue 语句只是终止当前这一轮的循环，直接跳到下一轮循环，而在这一轮循环中，循环体内 continue 后面的语句也不会执行。

例如：

```
for(var i:int =1;i <5;i ++){
     if(i ==3)break;
     trace("当前数字:" +i);
}
```

执行结果如图 9 – 10 所示：

图 9 – 10 在输出面板中显示结果

使用 continue 语句：

```
for(var i:int =0;i <5;i ++){
if(i ==3)continue;
trace("当前数字:" +i);
}
```

执行结果如图 9 – 11 所示：

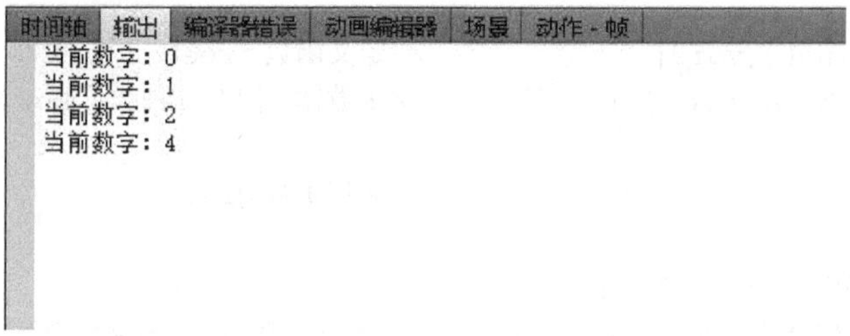

图 9 – 11 在输出面板中显示结果

项目任务 9-4 函数定义和调用

【案例目的】

通过一段简单的程序,掌握函数的定义和调用方法。

【案例分析】

函数是执行特定任务并可以在程序中重复使用的代码块。如果要使用自定义的函数,首先用户需要定义函数,可以将要实现功能的代码放置在该函数体中。当定义完成后,调用该函数即可实现预设的功能。利用函数编程,可以避免冗长、杂乱的代码;利用函数编程,可以重复利用代码,提高程序效率;利用函数编程,可以便利地修改程序,提高编程效率。在本案例中,通过编写一段简单的程序,进行函数的定义和调用,并且计算的结果可以在软件的输出面板中显示。

【实践操作】

1. 创建文档,输入代码

01 新建一个 ActionScript 3.0 的 Flash 文档。

02 选中时间轴中的空白关键帧,点击鼠标右键,选择"动作"选项,可以进入到动作 – 帧面板。在动作 – 帧面板中输入代码:

```
function greeting():void{            //定义函数 greeting
trace("hello! How are you?")        //函数体:输出"hello! How are you?"
}
greeting();                          //调用函数 greeting
```

动作 – 帧面板如图 9 – 12 所示:

图 9 – 12 动作 – 帧面板

2. 测试影片

01 执行"控制"→"测试影片"命令，或按快捷键【Ctrl+Enter】，在输出面板中显示出测试结果，如图9-13所示。

图9-13 输出面板中显示结果

02 执行"文件"→"保存"命令，或按快捷键【Ctrl+S】，以"函数.fla"为名保存文件。

【相关知识】

1. 调用函数

可通过使用后跟小括号运算符（()）的函数标识符来调用函数。要发送给函数的任何函数参数都括在小括号中。例如，贯穿于本节的 trace() 函数就是 ActionScript 3.0 中的顶级函数：

```
trace("Use trace to help debug your script");
```

如果要调用没有参数的函数，则必须使用一对空的小括号。例如，可以使用没有参数的 Math.random() 方法来生成一个随机数：

```
var randomNum:Number = Math.random();
```

2. 定义函数

在 ActionScript 3.0 中可通过两种方法来定义函数：使用函数语句和使用函数表达式。可以根据自己的编程风格（偏于静态还是偏于动态）来选择相应的方法。如果倾向于采用静态或严格模式的编程，则应使用函数语句来定义函数。如果有特定的需求，则需要用函数表达式来定义函数。函数表达式更多地用在动态编程或标准模式编程中。

3. 函数语句

函数语句是在严格模式下定义函数的首选方法。函数语句以 function 关键字开头，后跟：
- 函数名；
- 用小括号括起来的逗号分隔参数列表；

- 用大括号括起来的函数体,即在调用函数时要执行的 ActionScript 程序。

例如,下面的代码创建一个定义一个参数的函数,然后将字符串"hello"用作参数值来调用该函数:

```
function traceParameter(aParam:String)      //定义 traceParameter 函数
{
    trace(aParam);
}
traceParameter("hello");                     //调用 traceParameter 函数
```

4. 函数表达式

声明函数的第二种方法就是结合使用赋值语句和函数表达式,函数表达式有时也称为函数字面值或匿名函数。这是一种较为繁杂的方法,在早期的 ActionScript 版本中广为使用。

带有函数表达式的赋值语句以 var 关键字开头,后跟:

- 函数名;
- 冒号运算符(:);
- 指示数据类型的 Function 类;
- 赋值运算符(=);
- function 关键字;
- 用小括号括起来的逗号分隔参数列表;
- 用大括号括起来的函数体(即在调用函数时要执行的 ActionScript 程序)。

例如,下面的代码使用函数表达式来声明 traceParameter 函数:

```
var traceParameter:Function = function (aParam:String)
{
    trace(aParam);
};
traceParameter("hello"); //hello
```

请注意,就像在函数语句中一样,在上面的代码中也没有指定函数名。函数表达式和函数语句的另一个重要区别是,函数表达式是表达式,而不是语句。这意味着函数表达式不能独立存在,而函数语句可以。函数表达式只能用作语句(通常是赋值语句)的一部分。下面的示例显示了一个赋予数组元素的函数表达式:

```
var traceArray:Array = new Array();
traceArray[0] = function (aParam:String)
{
    trace(aParam);
};
traceArray[0]("hello");
```

5. 在函数语句和函数表达式之间进行选择

原则上，除非在特殊情况下要求使用表达式，否则应使用函数语句。函数语句较为简洁，而且与函数表达式相比，更有助于保持严格模式和标准模式的一致性。

函数语句比包含函数表达式的赋值语句更便于阅读。与函数表达式相比，函数语句使程序更为简洁而且不容易引起混淆，因为函数表达式既需要 var 关键字又需要 function 关键字。

函数语句更有助于保持严格模式和标准模式的一致性，因为在这两种编译器模式下，均可以借助点语法来调用使用函数语句声明的方法。但这对于用函数表达式声明的方法却不一定成立。例如，下面的代码定义了一个具有两个方法的 Example 类：methodExpression ( ) （用函数表达式声明）和 methodStatement ( ) （用函数语句声明）。在严格模式下，不能使用点语法来调用 methodExpression ( ) 方法。

```
class Example
{
var methodExpression = function() {}
function methodStatement() {}
}
var myEx:Example = new Example();
myEx.methodExpression();        //严格模式下错误,标准模式下正常
myEx.methodStatement();         //两种模式下均正常
```

一般认为，函数表达式更适合于关注运行时行为或动态行为的编程。如果喜欢使用严格模式，但是还需要调用使用函数表达式声明的方法，则可以使用这两种方法中的任一方法。首先，可以使用中括号（[ ]）代替点运算符（.）来调用该方法。下面的方法调用在严格模式和标准模式下都能够成功执行：

```
myExample["methodLiteral"]();
```

第二，可以将整个类声明为动态类。尽管这样就可以使用点运算符来调用方法，但缺点是，该类的所有实例在严格模式下都将丢失一些功能。例如，如果尝试访问动态类实例的未定义属性，则编译器不生成错误。

在某些情况下，函数表达式非常有用。函数表达式的一个常见用法就是用于那些使用一次后便丢弃的函数。另一个用法就是向原型属性附加函数，这个用法不太常见。

函数语句与函数表达式之间有两个细微的区别，在选择要使用的方法时，应考虑这两个区别。第一个区别体现在内存管理和垃圾回收方面，因为函数表达式不像对象那样独立存在。换言之，当将某个函数表达式分配给另一个对象（如数组元素或对象属性）时，就会在程序中创建对该函数表达式的唯一引用。如果该函数表达式所附加到的数组或对象脱离作用域或由于其他原因不再可用，将无法再访问该函数表达式。如果删除该数组或对象，该函数表达式所使用的内存将符合垃圾回收条件，这意味着内存符合回收条件并且可重新用于其他用途。

下面的示例说明对于函数表达式，一旦删除该表达式所赋予的属性，该函数就不再可

用。Test 类是动态的，这意味着可以添加一个名为 functionExp 的属性来保存函数表达式。

functionExp（ ）函数可以用点运算符来调用，但是一旦删除了 functionExp 属性，就无法再访问该函数。

```
dynamic class Test {}
var myTest:Test = new Test();          // function expression
myTest.functionExp = function () {trace("Function expression")};
myTest.functionExp();                  //Function expression
delete myTest.functionExp;
myTest.functionExp();                  //error
```

另一方面，如果该函数最初是用函数语句定义的，那么，该函数将以对象的形式独立存在，即使在删除它所附加到的属性之后，该函数仍将存在。delete 运算符仅适用于对象的属性，因此，即使是用于删除 stateFunc（ ）函数本身的调用也不工作。

```
dynamic class Test {}
var myTest:Test = new Test();          // function statement
function stateFunc() {trace("Function statement")}
myTest.statement = stateFunc;
myTest.statement();                    //Function statement
delete myTest.statement;
delete stateFunc;                      //no effect
stateFunc();                           //Function statement
myTest.statement();                    //error
```

函数语句与函数表达式之间的第二个区别是，函数语句存在于定义它们的整个作用域（包括出现在该函数语句前面的语句）内。与之相反，函数表达式只是为后续的语句定义的。例如，下面的代码能够在定义 scopeTest（ ）函数之前成功调用该函数：

```
statementTest();                       //statementTest
function statementTest():void
{
    trace("statementTest");
}
```

函数表达式只有在定义之后才可用，因此，下面的代码会生成运行时错误：

```
expressionTest();                      //run-time error
var expressionTest:Function = function ()
{
    trace("expressionTest");
}
```

6. 从函数中返回值

要从函数中返回值，请使用后跟要返回的表达式或字面值的 return 语句。例如，下面的

代码返回一个表示参数的表达式:

```
function doubleNum(baseNum:int):int
{
    return (baseNum * 2);
}
```

请注意,return 语句会终止该函数,因此,不会执行位于 return 语句下面的任何语句,如下所示:

```
function doubleNum(baseNum:int):int {
    return (baseNum * 2);
    trace("after return"); //This trace statement will not be executed.
}
```

在严格模式下,如果选择指定返回类型,则必须返回相应类型的值。例如,下面的代码在严格模式下会生成错误,因为它们不返回有效值:

```
function doubleNum(baseNum:int):int
{
    trace("after return");
}
```

7. 嵌套函数

可以嵌套函数,这意味着函数可以在其他函数内部声明。除非将对嵌套函数的引用传递给外部代码,否则嵌套函数将仅在其父函数内可用。例如,下面的代码在getNameAndVersion( )函数内部声明两个嵌套函数:

```
function getNameAndVersion():String
{
    function getVersion():String
    {
        return "10";
    }
    function getProductName():String
    {
        return "Flash Player";
    }
    return (getProductName() + " " +getVersion());
}
trace(getNameAndVersion());
```

在将嵌套函数传递给外部代码时,它们将作为函数闭包传递,这意味着嵌套函数保留在定义该函数时处于作用域内的任何定义。

项目任务 9-5 小鸟飞走了

【案例目的】

通过制作"小鸟飞走了"动画,熟悉 ActionScript 3.0 的基本语法和函数的调用。

【案例分析】

首先制作"小鸟"以及"小鸟飞"两个影片剪辑元件,然后在"小鸟飞"的影片剪辑元件中添加 ActionScript 3.0 程序实现交互控制,最后场景中布置动画界面,"小鸟飞走了"效果图如图 9-14 所示。

图 9-14 "小鸟飞走了"效果图

【实践操作】

1. 制作"小鸟"影片剪辑元件

01 新建一个 ActionScript 3.0 的 Flash 文档。

02 执行"插入"→"新建元件"命令,或按快捷键【Ctrl+F8】,新建"小鸟"影片剪辑元件。

03 执行"文件"→"导入"→"导入到舞台"命令,将"小鸟1"图片导入到舞台中,弹出提示框询问是否导入序列中所有图像,单击"是",生成关键帧动画,按快捷键【F5】分别延长小鸟两种状态的显示时间。

2. 制作"小鸟飞"影片剪辑元件

01 执行"插入"→"新建元件"命令，或按快捷键【Ctrl+F8】，新建"小鸟飞"影片剪辑元件。

02 按快捷键【Ctrl+L】打开库面板，将库中"小鸟"影片剪辑元件拖入舞台，并将影片剪辑实例命名为"bird_mc"。

03 右击图层1，在弹出的快捷菜单中选择"添加传统引导层"命令，在引导层中使用铅笔工具，设置铅笔模式为"平滑"，绘制平滑的小鸟运动轨迹，在第122帧处按快捷键【F5】添加普通帧。

04 将第1帧中的小鸟影片剪辑实例的中心点吸附到运动轨迹的一端，在图层1第122帧处按快捷键【F6】添加关键帧，将第122帧中的小鸟影片剪辑实例的中心点吸附到运动轨迹的另一端，在第60帧处右击，在弹出的快捷菜单中选择"创建传统补间"命令，完成小鸟飞行动画。

05 新建图层3，在图层3的第1帧按快捷键【F9】，打开动作-帧面板，在动作-帧面板输入如下代码，动作-帧面板如图9-15所示。

```
stop();
function fly(e:MouseEvent):void{
play();
}
bird_mc.addEventListener(MouseEvent.ROLL_OVER,fly);
```

图9-15 动作-帧面板

06 在图层3的第122帧按快捷键【F9】，打开动作-帧面板，在动作-帧面板输入代码：stop ( );。

提示：

stop函数用于设置动画的初始状态为停止状态，影片剪辑实例"brid_mc"的鼠标事件侦听函数用于侦听鼠标经过（ROLL_OVER）事件，当该事件发生时，事件处理函数"fly"

让动画开始播放，即小鸟飞离。

在第 122 帧（即最后 1 帧）输入 stop 函数，用于控制动画停止播放，也就是让小鸟飞走，树梢不再出现新的小鸟。

3．搭建舞台，完成动画

01 在主场景第 1 帧执行"文件"→"导入"→"导入到舞台"命令，将"背景图"图片导入到舞台中。

02 在空白处单击，按快捷键【Ctrl+F3】调出属性面板，单击"编辑文档属性"按钮，打开"文档设置"对话框，设置文档大小匹配为"内容"，将舞台大小设为与背景图像相同。

03 新建图层 2，按快捷键【Ctrl+L】打开库面板，将影片剪辑"小鸟飞"元件拖到当前图层 2。

04 选中"小鸟飞"，按住快捷键【Ctrl】复制出多个小鸟。

4．测试影片

01 执行"文件"→"保存"命令，或按快捷键【Ctrl+S】，以"小鸟飞走了.fla"为名保存文件。

02 执行"控制"→"测试影片"→"测试"命令，或按快捷键【Ctrl+Enter】预览，当鼠标经过小鸟时，小鸟飞离树枝。

【相关知识】

addEventListener（type，listener）方法是用来注册侦听器函数，两个必需的参数是 type 和 listener。

type 参数用于指定事件的类型。listener 参数用于指定发生事件时将执行的侦听器函数。listener 参数可以是对函数或类方法的引用。

模块小结

本模块主要讲解 ActionScript 3.0 的基础语法和函数。通过任务的学习主要掌握 ActionScript 3.0 的基本概述、ActionScript 3.0 的语言基本元素、控制流程中的条件语句、循环语句、跳转语句，以及函数的定义和调用等，为后面学习利用程序实现动画特效打好编程基础。

练一练

1. 编写一段小程序,要求输出的内容是:
Hello world!

2. 根据本节课所学的知识,观察以下代码,你能快速得出变量 a,b,c 返回的值分别是多少吗?

```
var a:int =10,b:int =5
var c:int
c = a + b
b = b + c
a = 2b
trace(a)
trace(b)
trace(c)
```

3. 编写一段小程序,运用 if…else 语句,进行学科成绩的判断,条件为:90 分以上为优秀,80~90 分为良好,60~80 为及格,60 以下为不及格。

4. 根据所学知识定义函数 quar,实现计算数值 2 次方并输出。

```
function quar(a:int):void{          //定义函数 quar,其中函数中包含整型参数 a
trace(a*a);                         //函数体:输出 a*a 的值
}
var b:int = 4                       //声明变量 b 为整形,并且赋值为 4
quar(b)                             //调用函数 quar
```

5. 完成鼠标跟随效果,如图 9-16 所示。

图 9-16 "鼠标跟随"效果图

模块 10

ActionScript 3.0 应用

模块导读

在模块 9 中，我们主要学习了 ActionScript 3.0 的基本语法和函数，如申明和调用变量、流程控制中的条件语句、循环语句、跳转语句，定义和调用函数等。在本模块中，通过几个简单实例，进一步学习 ActionScript 3.0 的一些常用函数的使用方法和技巧。

学习目标

1. 熟悉 ActionScript 3.0 的基本语法结构。
2. 掌握 addEventListener、addChild 等方法的运用。
3. 掌握 Mouse.hide()、random()随机函数、if...else 语句和 startDrag()函数的运用。

学习任务

制作"鼠标拖动"动画。
制作"彩色字幕"动画。
制作"打字机效果"动画。
制作"拼图游戏"动画。

项目任务 10-1 鼠标拖动

【案例目的】

通过制作"鼠标拖动"动画,了解 ActionScript 3.0 中 Mouse.hide() 函数和鼠标移动侦听器的使用方法。

【案例分析】

"鼠标拖动"动画,首先制作一个圆形影片剪辑元件,实现遮罩效果;再使用 Mouse.hide() 隐藏鼠标指针,添加鼠标移动侦听器使自定义的鼠标图标跟随鼠标移动,"鼠标拖动"效果图如图 10-1 所示。

图 10-1 "鼠标拖动"效果图

【实践操作】

1. 创建"圆形"影片剪辑元件

01 打开 Flash CS6,通过 Flash 启动画面新建一个 ActionScript 3.0 文档。

02 执行"插入"→"新建元件"命令,或按快捷键【Ctrl+F8】,新建"圆形"影片剪辑元件。

03 在舞台中心,使用椭圆工具 按住快捷键【Shift】,绘制填充色为红色(#FF0000),无笔触颜色的圆形。

2. 创建"瞄准"影片剪辑元件

01 执行"插入"→"新建元件"命令,或按快捷键【Ctrl + F8】,新建"瞄准"影片剪辑元件。

02 使用椭圆工具○按住快捷键【Shift】,绘制无填充色,笔触颜色为红色(#FF0000)的圆形。

03 使用线条工具\按住快捷键【Shift】,绘制笔触颜色为红色(#FF0000),笔触大小为2的两条垂直相交的直线。

04 按快捷键【Ctrl + K】打开对齐面板,将红色圆形和十字交叉红线均相对于舞台水平、垂直方向居中对齐。

3. 搭建舞台

01 返回场景1,执行"文件"→"导入"→"导入到舞台"命令,将"背景图"图片导入到舞台中。

02 在空白处单击,按快捷键【Ctrl + F3】调出属性面板,单击"编辑文档属性"按钮,打开"文档设置"对话框,设置文档大小匹配为"内容",将舞台大小设为与背景图像相同。

03 选中图层1中的背景图像,按快捷键【Ctrl + C】进行复制,在图层1上方新建图层2,在图层2中按快捷键【Ctrl + Shift + V】进行原位粘贴。

04 选中图层1中的背景图,按快捷键【F8】转换为影片剪辑元件,名为"背景"。

05 选中"背景"影片剪辑元件实例,在其属性面板中设置其"色彩效果"样式为"Alpha",透明度值设置为"40%"。

06 在图层2上方新建图层3,按快捷键【Ctrl + L】打开库面板,将库中"圆形"影片剪辑元件拖入舞台,并给影片剪辑实例命名为"yuan_mc"。

07 在时间轴图层编辑区的图层3上右击,在弹出的快捷菜单中选择"遮罩层"命令,实现圆形遮罩效果。

08 新建图层4,按快捷键【Ctrl + L】打开库面板,将库中"瞄准"影片剪辑元件拖入舞台,并给影片剪辑实例命名为"mo_mc"。

4. 添加代码

01 新建图层5,在图层5的第1帧按快捷键【F9】,打开动作-帧面板.

02 在动作-帧面板输入如下代码,动作-帧面板如图10-2所示。

```
Mouse.hide();
stage.addEventListener(MouseEvent.MOUSE_MOVE,pointerMove);
//添加鼠标移动侦听器
function pointerMove(evt:MouseEvent){
```

```
//mo_mc、yuan_mc 为自定义的鼠标图标,让其跟随鼠标移动
    yuan_mc.x = stage.mouseX;
    yuan_mc.y = stage.mouseY;
    mo_mc.x = stage.mouseX;
    mo_mc.y = stage.mouseY;
    evt.updateAfterEvent();
}
```

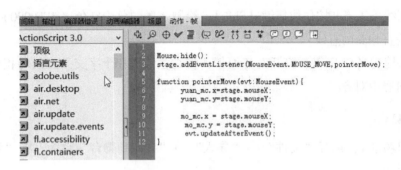

图 10-2 动作-帧面板

5. 测试动画

01 执行"控制"→"测试影片"命令,或按快捷键【Ctrl + Enter】,测试鼠标拖动动画效果。

02 执行"文件"→"保存"命令,或按快捷键【Ctrl + S】,以"鼠标拖动.fla"为名保存文件。

【相关知识】

1) Mouse.hide() 为隐藏鼠标。

2) addEventListener() 与 removeEventListener() 用于处理指定和删除事件处理程序操作。所有的 DOM 节点中都包含这两种方法,并且它们都接受 3 个参数:要处理的事件名、作为事件处理程序的函数和一个布尔值。布尔值参数是 true,表示在捕获阶段调用事件处理程序;如果是 false,表示在冒泡阶段调用事件处理程序。

通过 addEventListener() 添加的事件处理程序只能使用 removeEventListener() 来移除。移除时传入的参数与添加处理程序时使用的参数相同。这也意味着通过 addEventListener() 添加的匿名函数无法移除。

大多数情况下,都是将事件处理程序添加到事件流的冒泡阶段,这样可以最大限度地兼容各种浏览器。最好只在需要时间到达目标之前截获它的时候,将事件处理程序添加到捕获阶段。如果不是特别需要,不建议在事件捕获阶段注册事件处理程序。

项目任务 10-2 彩色字幕

【案例目的】

通过制作"彩色字幕"动画,学习导入外部类以及 random( ) 随机函数的运用。

【案例分析】

在"彩色字幕"动画中,通过动态文字设置其嵌入文字的字符范围,使用 random( ) 随机函数设置剪辑的各种随机属性,以及通过导入外部滤镜类实现不同明暗的字幕效果,"彩色字幕"效果图如图 10-3 所示。

图 10-3 "彩色字幕"效果图

【实践操作】

1. 创建"单个字符效果"影片剪辑元件

01 新建一个 ActionScript 3.0 的 Flash 文档,背景为黑色,默认大小。

02 执行"插入"→"新建元件"命令或按快捷键【Ctrl + F8】,新建"单个字符效果"影片剪辑元件,并勾选对话框下方"高级"中的"为 ActionScript 导出"选项,之后在"类"的文本框内填入 effect 字样,"创建新元件"对话框如图 10-4 所示。

点击"确定"按钮后,可能会弹出一个警告的对话框,点击"确定"继续,进入影片剪辑内部。

选中文本工具**T**,并在属性面板中修改文本工具属性,文字属性如图 10-5 所示。

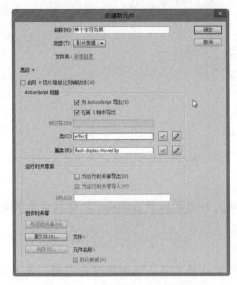 

图 10-4 "创建新元件"对话框　　　图 10-5 文字属性

在舞台上使用文本工具 T 绘制一个文本框，里面随意输入一个字母，例如 A，并按快捷键【Ctrl+K】调出对齐面板，将字幕在水平、垂直方向均相对于舞台居中对齐。

选中该文本框，在属性面板中为其输入实例名称为"txt"，单击属性面板"字符"选项中的"嵌入"按钮，在弹出的"字体嵌入"对话框中进行设置，如图 10-6 所示。

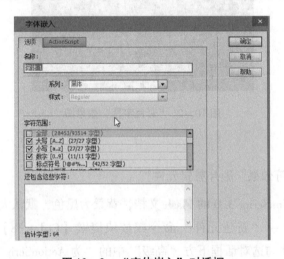

图 10-6 "字体嵌入"对话框

新建图层 2，在图层 2 的第 1 帧按快捷键【F9】，打开动作-帧面板，在动作-帧面板输入如下代码：

```
import flash.filters.BlurFilter;
import flash.filters.GlowFilter;
import flash.events.Event;              //导入外部类
```

```
var text_array:Array = ["0", "1", "2", "3", "4", "5", "6", "7", "8", "9", "a", "b", "c", "d", "e", "f", "g", "h", "i", "j", "k", "l", "m", "n", "o", "p", "q", "r", "s", "t", "u", "v", "x", "y", "z"];                              //会出现的字符数组

//设置文本框显示随机的一个字符
txt.text = text_array[int(Math.random() * text_array.length)];

//设置位置数组
var matrix_position:Array = new Array();

var counter:Number = 0;
var counter_limit:Number = Math.random() * 5 + 3;

//以下为设置剪辑的各种随机属性
for (var i:Number = 0; i <= stage.stageWidth/this.width; i ++) {
matrix_position.push(i * this.width);
}
x = Math.random() * 550
y = Math.random() * 400;
var speed:Number = Math.random() * 8 + 4;
var rand_scale:Number = Math.random() * 1;
alpha = rand_scale;
scaleX = rand_scale;
scaleY = rand_scale;

//为剪辑添加滤镜
var filter:GlowFilter = new GlowFilter(0x00FF00, rand_scale * 100 +10, 5, 5, 0.5);
var filterArray:Array = new Array();
filterArray.push(filter);
var filter1:BlurFilter = new BlurFilter((100 - rand_scale * 100)/10, (100 - rand_scale * 100)/10);
filterArray.push(filter1);
this.filters = filterArray;

addEventListener(Event.ENTER_FRAME,update);    //添加侦听器


//更新函数
function update(e:Event):void {
y + = speed;                              //y 轴不断增加
if (y > = stage.stageHeight + this.height) {
    y = - this.height;
}
}
```

2. 设置场景

01 返回场景 1，在图层 2 的第 1 帧按快捷键【F9】，打开动作 – 帧面板。

02 在动作-帧面板输入如下代码：

```
import flash.display.MovieClip;    //导入外部类

//创建1000个效果并添加到舞台上
for (var i:Number = 0; i <= 1000; i ++) {
var mc:MovieClip = new effect();
addChild(mc);
}
```

3．测试影片

01 执行"控制"→"测试影片"命令，或按快捷键【Ctrl + Enter】，在输出面板中显示出测试结果。

02 执行"文件"→"保存"命令，或按快捷键【Ctrl + S】，以"彩色字幕.fla"为名保存文件。

【相关知识】

1）Math. random ( ) 随机函数的功能：可以产生出 0～1 之间的任意小数，例如 0.0105901374530933，有几个其他的函数可以用来改变产生的数字，从而可以更好地在影片中使用，如下所示。

```
Math.round();
Math.ceil();
Math.floor();
```

这几个函数都是用来取得整数的，Math. round ( )；是采用四舍五入方式取得最接近的整数。Math. ceil ( )；是向上取得一个最接近的整数。Math. floor ( )；和 Math. ceil ( )；相反，Math. floor ( )；是向下取得一个最接近的整数。

结合这些函数，可以写成：

```
Math.round(Math.random());
```

这个表达式可以生成一个0.0和1.0之间的一个数，然后四舍五入取得一个整数。这样所生成的数字就是0或1。这个表达式可以用在各有50%可能性的情况下，例如抛硬币，或者 true/false 指令。

＊10 是将所生成的小数乘以 10，然后四舍五入取得一个整数：

```
Math.round(Math.random()*10);
```

要创建一个 1～10 之间的随机数，可以写成：

```
Math.ceil(Math.random()*10);
```
因为是 Math.ceil 向上取值,所以不会产生 0。

要创建一个 5~20 的随机数，可以写成：

Math.round(Math.random()*15)+5;

如果要创建一个从 x 到 y 的随机数，可以写成：

Math.round(Math.random()*(y-x))+x;

x 和 y 可以是任何的数值，即使是负数也一样。

2）addChild() 函数，可以把对象，例如影片剪辑，添加到当前位置。

项目任务 10-3 打字机效果

【案例目的】

通过一段简单的程序,了解条件语句 if…else 的使用方法。

【案例分析】

调用系统时间的小时数,根据不同时间段显示不同的提示语。本案例中,通过编写一段简单的程序,对变量数值进行判断,并将判断的结果在输出面板中显示。"打字机"效果图如图 10-7 所示。

图 10-7 "打字机"效果图

【实践操作】

1. 创建文档,搭建舞台

01 新建一个 ActionScript 3.0 的 Flash 文档,背景色为白色(#FFFFFF),大小为 550×400。

02 执行"文件"→"导入"→"导入到舞台"命令,将"显示器"图片导入到舞台中,选中"显示器"图像,在属性面板中将其大小改为 450×340,按快捷键【Ctrl+K】调出对齐面板,使其水平、垂直方向均居中对齐。

2. 添加文字

01 新建图层 2,选择文本工具 T,在属性面板中设置文本工具的属性,如图 10-8 所示。

02 使用文本工具 T 在舞台上框选出一个文本区域,其大小正好覆盖显示器的内部,文字添加位置如图 10-9 所示。

图 10-8　属性面板　　　　　图 10-9　文字添加位置

03 单击属性面板中，"字符"选项中的"嵌入"按钮，在弹出的对话框内将以下文字输入到如图 10-10 所示的位置，注意最后还添加一个符号"丨"，单击"确定"按钮。

"Flash 是美国的 Macromedia 公司于 1999 年 6 月推出的优秀网页动画设计软件。它是一种交互式动画设计工具，用它可以将音乐、声效、动画以及富有新意的界面融合在一起，以制作出高品质的网页动态效果。"

图 10-10　字体嵌入内容

使用选择工具选中该文本框，在属性面板中将实例名称修改为"txt"，"段落"选项中的"行为"设置为"多行"。

3. 添加代码

新建图层 3，在图层 3 的第 1 帧按快捷键【F9】，打开动作-帧面板。

在动作-帧面板输入如下代码：

```
import flash.utils.Timer;
import flash.events.TimerEvent;                    //导入外部类
```

```
var word:String = " Flash 是美国 Macromedia 公司于 1999 年 6 月推出的优秀网页动画设计软
件。它是一种交互式动画设计工具,用它可以将音乐、声效、动画以及富有新意的界面融合在一起,以制作出
高品质的网页动态效果。";                              //需要展示的文字

var index:Number = 0;                                //目前的序号
var timer:Timer = new Timer(200);                    //设置 timer 计时器
timer.addEventListener(TimerEvent.TIMER,tick);       //为计时器添加侦听
timer.start();                                       //开始计时
function tick(e:TimerEvent):void{                    //计时函数
    txt.text = word.slice(0,index) + " |";
    index + +;
}
```

4. 测试影片

01 执行"控制"→"测试影片"命令,或按快捷键【Ctrl + Enter】,预览动画效果。

02 执行"文件"→"保存"命令,或按快捷键【Ctrl + S】,以"打字机.fla"为名保存文件。

项目任务 10-4　拼图游戏

【案例目的】

通过制作"拼图游戏"实例，掌握 startDrag() 函数对于影片剪辑元件的控制，从而实现鼠标拖动图片的效果。

【案例分析】

"拼图游戏"主要是零散的小图片影片剪辑元件通过 startDrag() 函数的控制跟随鼠标移动并可以放置在下方提示图片的合适位置。"拼图游戏"效果图如图 10-11 所示。

图 10-11　"拼图游戏"效果图

【实践操作】

1. 创建文档，分割图像

01 新建一个 ActionScript 3.0 的 Flash 文档，背景色为黑色（#000000），大小为 600×500。

02 将图层 1 改名为"原图"，执行"文件"→"导入"→"导入到舞台"命令，将"pu0.png"导入到舞台，按快捷键【Ctrl+K】调出对齐面板，使图片相对于舞台水平、垂直方向上均居中对齐，按快捷键【Ctrl+B】将图片打散。

03 新建图层 2，选中线条工具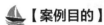设置其笔触和颜色为橙色（#FF9900），粗细为 2，按快捷键【Shift】在图层 2 中绘制四条垂直方向的直线，长度 350 像素，使用对齐面板将四条直线均垂直方向上居中对齐，四条直线与图片的位置如图 10-12 所示。

04 选中最左侧的一条直线与图层 1 中的图片，使用对齐面板将两者相对于图片左对齐；

同样选中最右侧一条直线和图层1中的图片,使用对齐面板将两者相对于图片右对齐;选中图层2中的四条垂直方向的直线,使用对齐面板将四条直线"间隔"设置为"水平平均间隔"。

05 同样使用线条工具,按【Shift】键在图层2图像和直线以外的区域绘制一条水平方向的直线,长度480像素,并使用对齐面板将其垂直、水平方向上均相对于舞台居中对齐,五条直线与图片的位置如图10-13所示。

图10-12　四条直线与图片的位置　　图10-13　五条直线与图片的位置

06 选中图层2中的五条直线,按快捷键【Ctrl + X】命令剪切,在图层1中按快捷键【Ctrl + Shift + V】进行原位粘贴,将图像分割为六部分。

2. 创建影片剪辑元件

01 依次选中图层1中的六部分,按快捷键【F8】将其分别创建为影片剪辑元件,名称分别为图片1-图片6,将图层1中的直线删除。

02 图层1和图层1的第2帧添加关键帧,将图层1中的六个元件的实例选中并复制,在图层2中粘贴。

03 依次选中图层1中六个元件的实例,并在属性面板中分别设置其透明度为30%,实例名分别为ytu1-ytu6。

04 依次选中图层1中六个元件的实例,并在属性面板中设置其实例名分别为stu1-stu6,并将其位置打乱置于舞台中央。

3. 创建按钮元件

01 执行"插入"→"新建元件"命令,或按快捷键【Ctrl + F8】,新建按钮元件,名称为"anniu",进入按钮元件编辑界面。

02 选中文本工具,在属性面板中设置字体微软雅黑,字号30,颜色为红色(#FF0000),在"弹起"帧输入文字"拼图游戏开始",使用对齐面板将文字相对于舞台水平、垂直方向均居中对齐。

03 在按钮"点击"帧插入关键帧,使用矩形工具绘制反应区覆盖文字部分。

04 返回场景1,新建图层3,将按钮元件从库中拖入图层3的第1帧,在属性面板总设置其实例名为an_go。在第2帧上按快捷键【F7】,加空白关键帧。

4. 插入脚本

01 返回场景1，新建图层4，在图层4的第1帧按快捷键【F9】打开动作面板，输入如下代码：

```
stop();                                  //停止在第1帧
an_go.addEventListener(MouseEvent.CLICK,starting);
//给按钮an_go添加事件侦听函数，鼠标点击an_go时触发starting事件
function starting(me:MouseEvent){
//定义函数starting
gotoAndStop(2);                          //停止在第2帧
}
```

02 在图层4的第2帧按快捷键【F7】添加空白关键帧，打开动作面板，输入如下代码：

```
stu1.addEventListener(MouseEvent.MOUSE_DOWN,act2);
stu2.addEventListener(MouseEvent.MOUSE_DOWN,act2);
stu3.addEventListener(MouseEvent.MOUSE_DOWN,act2);
stu4.addEventListener(MouseEvent.MOUSE_DOWN,act2);
stu5.addEventListener(MouseEvent.MOUSE_DOWN,act2);
stu6.addEventListener(MouseEvent.MOUSE_DOWN,act2);
//分别给实例stu1~stu6添加事件侦听函数，鼠标按下相应实例时触发act2事件
function act2(me:MouseEvent){
//定义函数act2
me.currentTarget.startDrag(true);
//可以拖动实例，并且将当前位置的信息传给侦听函数
}

stu1.addEventListener(MouseEvent.MOUSE_UP,act3);
stu2.addEventListener(MouseEvent.MOUSE_UP,act3);
stu3.addEventListener(MouseEvent.MOUSE_UP,act3);
stu4.addEventListener(MouseEvent.MOUSE_UP,act3);
stu5.addEventListener(MouseEvent.MOUSE_UP,act3);
stu6.addEventListener(MouseEvent.MOUSE_UP,act3);
//分别给实例stu1~stu6添加事件侦听函数，鼠标放开相应实例时触发act3事件
function act3(me:MouseEvent){
//定义函数act2
me.currentTarget.stopDrag();
//停止拖动实例，并且将当前位置的信息传给侦听函数
var i;
//申明变量i
for(i=0;i<6;i++){
    if((me.currentTarget.x<=this.getChildAt(i).x+40)
        &&(me.currentTarget.x>=this.getChildAt(i).x-40)
        &&(me.currentTarget.y<=this.getChildAt(i).y+40)
        &&(me.currentTarget.y>=this.getChildAt(i).y-40))
        //若拖动位置的坐标与索引位置的x坐标与y坐标值相差在-40~40的范围内
    {
```

```
                me.currentTarget.x = this.getChildAt(i).x;
                me.currentTarget.y = this.getChildAt(i).y;
                //拖动位置与索引位置的 x 坐标与 y 坐标值相同
            if ((this.getChildAt(i).name == "ytu1") &&(me.currentTarget.name == "stu1"));
            if ((this.getChildAt(i).name == "ytu2") && (me.currentTarget.name == "stu2"));
            if ((this.getChildAt(i).name == "ytu3") && (me.currentTarget.name == "stu3"));
            if ((this.getChildAt(i).name == "ytu4") && (me.currentTarget.name == "stu4"));
            if ((this.getChildAt(i).name == "ytu5") && (me.currentTarget.name == "stu5"));
            if ((this.getChildAt(i).name == "ytu6") && (me.currentTarget.name == "stu6"));
            //拖动后对应的实例 stu1~stu6 和索引实例 ytu1~ytu6 进行逻辑与运算进行判断
            }
        }
    }
```

5. 测试影片

执行"文件"→"保存"命令，或按快捷键【Ctrl+S】，以"拼图游戏.fla"保存文件。

执行"控制"→"测试影片"命令，或按快捷键【Ctrl+Enter】，预览动画效果。

【相关知识】

StartDrag( ) 函数

（1）语法参数

StartDrag(target, [lock, left, top, right, bottom])

（2）参数说明

target：要拖动的影片剪辑的目标路径。

lock：一个布尔值。指定可拖动影片剪辑是锁定到鼠标位置中央（true），还是锁定到用户首次单击该影片剪辑的位置上（false）。此参数是可选的。

left、top、right、bottom 相对于影片剪辑父级坐标的值，这些值指定该影片剪辑的约束矩形。这些参数是可选的。

（3）函数说明

使 target 影片剪辑在影片播放过程中可拖动，一次只能拖动一个影片剪辑。执行了 startDrag( ) 操作后，影片剪辑将保持可拖动状态，直到用 stopDrag( ) 明确停止拖动为止，或直到对其他影片剪辑调用了 startDrag( ) 动作为止。

（4）示例

若要创建用户可以放在任何位置的影片剪辑，可将 startDrag( ) 和 stopDrag( ) 动作附加到该影片剪辑内的某个按钮上。

```
on (press) {  startDrag(this,true);}on (release) {  stopDrag();}
```

模块小结

本模块通过四个综合的案例，在模块 9 介绍的 ActionScript 3.0 函数和动画类型的基础上，学习了新的函数类型。Mouse.hide() 函数用于隐藏鼠标指针；random() 随机函数可以随机产生 0~1 范围内的任意数；if...else 函数可以对变量数值进行判断；startDrag() 函数，可以实现对于影片剪辑元件的控制。

练一练

1. 制作"风景画册"动画，通过 addEventListener() 语句实现按钮对影片剪辑的控制，如图 10-14 所示。

图 10-14 "风景画册"效果图

2. 仿照项目任务 10-4 完成"拼图游戏"，如图 10-15 所示。

图 10-15 "拼图"效果图

参考文献

[1] 张建琴，官彬彬. Flash CS6 动画制作案例教程 [M]. 北京：清华大学出版社，2018.
[2] 赵雪梅. Flash 动画设计实战秘技 250 招 [M]. 北京：清华大学出版社，2018.
[3] 官彬彬. Flash CS6 动画制作案例教程 [M]. 北京：科学出版社，2018.